AWSではじめる
Linux入門ガイド

トレノケート株式会社 山下 光洋 [著]

マイナビ

はじめに

トレノケート株式会社 山下 光洋

　本書を手にとっていただきましてありがとうございます。本書は、AWSクラウド上でLinuxによるサーバー構築をゼロから学んでいただく書籍です。ゼロ（やったことがないこと）をイチ（やったことがある）にすることを目的にしています。

　次に挙げるような、これからクラウドやLinuxを学ばれる方々を想定して執筆しています。

- **ITエンジニア職を目指す学生**
- **ITエンジニア職への転職を予定している社会人**
- **内製化にシフトしようとしている情報システム部門**
- **情報システム部に異動になった非IT部門**

　なぜ、AWSクラウド上でのLinuxサーバー構築を題材にしているか、まずクラウドについて説明します。近年、システムを構築する手段としてクラウドは欠かせない技術であるからです。

　次にLinuxサーバーですが、最近はマイクロサービス、サーバーレスアーキテクチャといった、サーバーを開発者や運用者が管理しないクラウド最適化された構成も増えてきています。

　しかし、これらはあくまでも最適な設計をするための一手段でしかありません。依然としてサーバーも有効な設計手段です。2018年のAmazon PrimeDayでは、最大426,000もの仮想サーバーが起動していたとの情報もあります。

　また、既存システムをクラウドへ移行していく際には、いきなりすべての設計や運用を最適化するケースよりも、まずはそのままの設計、運用でクラウドへ移行するケースも多くあります。

　クラウドへ移行することにより、システム運用を担当される方々はハードウェアの管理や更新作業から解放され、世の中にサービスを提供することに注力できます。より早くユーザーの課題を解決したサービスを作り続け、それを提供し続けるために、企業によるシステムサービスの運用、開発の内製化も進んでいます。

　本書では、そのような移行案件や新規案件、クラウド上でのサーバー運用、構築をこれから担当される方々に、まずは実際に手を動かしながら、クラウドでLinuxサーバーを構築することの、スピード、俊敏性、機動性に触れていただき、IT技術の素晴らしさを知っていただくことを目的としています。

　ゼロをイチにすることで無限の可能性が広がり始めます。

　これから皆さまが様々な課題を解決しながら、エンジニア人生を歩まれるための一助となりましたら幸いです。

　本書が皆さまのお手元に届く頃には、本書掲載の手順画面が異なっている場合もあります。

　AWSでは昨日まで見ている画面が、今日は違うということはよくあります。これは日々成長しているサービスの特徴ともいえます。画面が異なっていても機能に違いがあるわけではありません。新しい画面は操作性が向上されていますので、より使いやすくなっているはずです。

　本書でも手順のご参考として画面を掲載しておりますが、画面や手順を細かく覚えていただく必要はありません。

　それよりも触って動かして確認、を繰り返して、どんな機能があるのか、何をすれば何ができるのか、を知っていただくことを推奨いたします。

※本書内の情報は2020年4月現在の情報です。

環境の概要

Chapter. 1 環境の概要

まず最初に本書で使用する環境と技術を説明します。

本書では、**Linux**と**AWS**を使用します。

この章は、興味のある方は読んでいただいてもいいですが、「まずは触りたい」という方は、飛ばして次の章から実際に触って進めながら、少し進めた後に読んでみてもいいかもしれません。

1.1 Linuxってどんなもの?

Linuxは、WindowsやMacと同じ**OS(オペレーティングシステム)**の大きな種類の1つです。読み方はこだわりがなければ「リナックス」が一般的でいいでしょう。

一般的に使用されているスマートフォンやルーター、Web、業務アプリケーションや、様々なデバイスなど、非常に多くのシステムで広く使用されているOSです。

Linuxを説明するにあたって、まずは**オープンソース**について説明します。

1.1. 1 OSS(オープンソースソフトウェア)

オープンソースとは、ソースコードを公開して利用、修正、再利用を可能としたソフトウェアです。企業ではなく主にコミュニティが開発し、企業はこのサポートで対価を得ているビジネス形態もあります。

コミュニティが開発し、利用や修正を自由にしていることで、ニーズをよりよく反映していくことができたり、分岐された新たなソフトウェアが生まれ、より世の中の多くの課題をスピーディーに解決することができていることも特徴的です。

Linuxは全世界のエンジニア達が自分たちの課題を解決するために利用して、フィードバックを共有し、開発にも協力しているオペレーティングシステムといえます。

> コミュニティが開発することで、課題をスピーディーに解決しているよ！

1.1. 2 Linuxの種類

前述のとおりオープンソースとして進化を続けているので、一概にLinuxといっても1種類ではなく、いくつかの種類があります。

このLinuxの種類のことをディストリビューションといいます。

Debian系、**Redhat系**、**SUSE系**などです。

本書では、Redhat系の派生である**Amazon Linux2**を主に扱います。

1.1. 3 Linuxのメリット

- 必要最低限の機能だけを選択でき、ミニマムな構築が可能。
- コマンドで操作することができ、自動化が容易。
- ソフトウェアライセンス費用が発生しないものがある。
- 対応しているソフトウェアが多い。

1.2 AWSってどんなもの？

AWS（Amazon Web Service）はAmazon社内の課題を解決するために生まれ、その仕組みを世の中にも提供するために2006年にITインフラストラクチャのサービスとして提供が開始されました。

> AWSを使えばいろんなチャレンジを素早くできそうですね！

1.2. 1 AWSが解決した課題

その解決するべき課題とは、従来のオンプレミスの制約事項であった、以下のようなものです。

- ハードウェアを必要でないときも所有しなければならない。
- ハードウェアの調達に時間がかかる。
- 綿密な計画を立ててもニーズの変化に対応できない。
- ディスク障害などに対する物理的なメンテナンスに人を配置しなければならない。
- 急激なアクセスの増加に対応できない。

このような様々な課題を解決するために生まれ、時代の進化やニーズの変化において、新たに発生するさらなる課題を解決し続けているサービスが、Amazon Web Service（AWS）です。

1.2. 2 AWSのメリット

AWSには特徴として、以下のようなメリットがあります。

- インフラストラクチャを所有するのではなく必要なときに必要な量を使用できる。
- 使った分にだけコストが発生するので使い捨てができる。
- 新しいサーバーの調達が数分。
- ニーズが変化したときにも柔軟に作り変えができる。
- ディスク管理などハードウェアのヘルスチェックよりもサービスの提供に注力できる。
- アクセス数など需要の変化にダイレクトに対応できる。

Chapter.1 ／ 環境の概要

1.2. 3 AWSでLinuxを使用するメリット

AWSには様々なサービスがありますが、本書で扱うLinuxサーバーをAWSで使用する場合は次のようなメリットがあります。

- 必要なときに必要な性能のLinuxサーバーを必要な数だけ起動できる。
- 要らなくなったLinuxサーバーは秒単位で使い捨てができる。
- 新しいLinuxサーバーを数分で調達できる。
- 要件が変更すれば稼働しているLinuxサーバーを捨てて、テンプレートを再利用して作り直せる。
- ハードウェアの管理を気にすることなくLinuxサーバーが使用できる。
- アクセス数が増えれば自動的にLinuxサーバーを増加させられる。

これからLPICを目指す方にもおススメの学習環境です！

Chapter

2

セキュアな環境を
構築する

セキュアな環境を構築する

それでは早速、環境の構築を始めましょう。まずは、AWSアカウントの作成からです。

AWSアカウントをすでに持っている、またはEC2を起動できるアカウントを使用できる方は、[2-2 セキュリティ設定]から読んでください。

 ## まずはAWSアカウントを作成しましょう

AWSアカウントとは、AWSを使用するユーザーごとの個別の環境です。AWSアカウントの作成ページにアクセスします。

https://portal.aws.amazon.com/billing/signup

Eメールアドレス、パスワード、アカウント名を入力して[続行]ボタンを押下します。

パスワードは、Eメールアドレス、アカウント名とは異なる8文字以上で大文字、小文字、数字、記号のうち、3種類以上を使用する必要があります。筆者は20文字のパスワードを設定しています。

ここで入力するEメールアドレスとパスワードは、AWSアカウントの**ルートユーザー**(すべてのサービスやリソースに完全なアクセス権限を持つユーザー)になります。

ルートユーザーはAWSアカウント上ですべての操作が行えます。そして、その権限を制限することができません。

もしもルートユーザーのEメールアドレスとパスワードが漏れてしまうと不正アクセスされて、AWSアカウントを乗っ取られてしまいます。

そのため、ルートユーザーのパスワードは強固なパスワードを設定しておきます。

AWSアカウント名はローマ字で名前を設定しておきます。

アカウントの種類は今回は検証用ですので、パーソナルを選択します❶。

本番稼働用や組織で利用する場合は、プロフェッショナルを選択します。

フルネームはローマ字で入力します（例：mitsuhiro yamashita）❷。

電話番号はハイフンなしで入力します（例：08012345678）❸。

国/地域を選択します。

アドレス、市区町村、都道府県または地域はローマ字で入力します❹。

郵便番号はハイフンありで入力します（例：123-4567）❺。

AWSカスタマーアグリーメントをリンク先で読んでから「AWSカスタマーアグリーメントの諸条件を確認済みで、同意する場合はここをチェックしてください」をチェックして❻、[アカウントを作成して続行ボタン]を押下します❼。

支払情報でクレジットカード情報を入力して、[検証して追加する]ボタンを押下します。

次に電話番号の確認をします。SMSか音声通話から選択できます。SMS機能がない、または届かない場合は音声通話を選択します。

電話番号はハイフンなしで入力します（例:08012345678）。

セキュリティチェックに表示された乱数を入力して、[SMSを送信する]ボタンを押下します。

SMSに届いた認証コード（音声通話選択時は自動音声で案内されたコード）を入力して、[コードの検証]ボタンを押下します。

本人確認が終了しましたので、[続行]ボタンを押下します。

サポートプランの選択

AWS では、お客様のニーズに合ったさまざまなサポートプランをご用意しています。お客様の AWS の使用に最も合ったサポートプランを選択してください。詳細はこちら

ベーシックプラン	開発者プラン	ビジネスプラン
無料	29 USD/月〜	100 USD/月〜
• すべてのアカウントに含まれています	• 早期の採用、テスト、開発用	• 実稼働のワークロードおよびビジネスクリティカルな依存関係用

サポートプランを選択します。今回は検証用ですので、無料のベーシックプランを選択します。

技術サポートを利用する場合は、有償の開発者プランを選択します。

本番環境の場合は、ビジネスプラン以上を推奨します。

アカウント作成が完了しました。

数分でメールが届き、アカウントの有効化が完了します。

2.2 AWSアカウントを保護しよう

　AWSアカウントを作ったら、最初にいくつか**セキュリティ**と**コスト**に対しての設定をします。不正アクセスを防ぐためにも、使いすぎを防ぐためにも有効ですので、設定することを推奨します。

意図しない課金を防止するためにも設定しましょう！

2.2.1 AWSアカウントへのログイン

　AWSアカウント作成時のメールアドレスを入力して、[次へ] ボタンを押下します。

AWSアカウント作成時に設定したパスワードを入力して、[サインイン]ボタンを押下します。

マネジメントコンソールにログインしました。

2.2.2 IAMの設定を始めよう

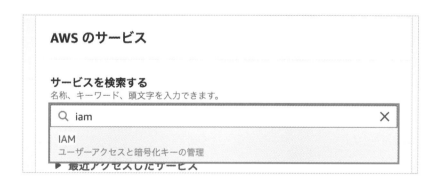

　サービスを検索する、で「iam」と入力してIAMのダッシュボードへ移動します。IAMはAWSアカウント内で各AWSサービスに対して、誰が何をできるのか、アクセス権限を設定する機能です。

　IAM のダッシュボードには推奨事項が表示されています。このうち、最低限必要な、ルートアカウントの MFA の有効化と個々の IAM ユーザーの作成を行います。

2.2.3 ルートユーザーのMFAを設定しよう

　MFA（Multi Factor Authentication - 多要素認証）を設定します。万が一、ルートユーザーの E メールアドレスとパスワードが漏れてしまった場合でも、MFA の設定をしていることで不正アクセスから守れる可能性が高くなります。
　多要素認証という名前のとおり、E メールアドレスとパスワードだけでなく、スマートフォンなどの端末に表示される情報をあわせて入力することで AWS マネジメントコンソールへのサインインが行えるようになります。
　今回はスマートフォンでの設定方法を記載します。

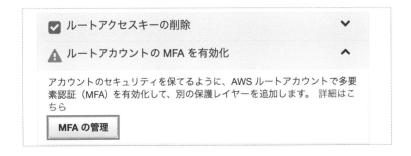

　ルートアカウントの MFA の有効化を展開して、[MFA の管理] ボタンを押下します。

AWS アカウントのセキュリティ認証情報ページにアクセスしています。アカウントの認証情報により、AWS リソースに無制限にアクセスできます。

アカウントの安全を確保するには、 AWS ベストプラクティス に従って、アクセス許可を制限した AWS Identity and Access Management (IAM) ユーザーを作成し使用してください。

Continue to Security Credentials   **Get Started with IAM Users**

Don't show me this message again

メッセージが表示されるので、[Continue to Security Credentials] ボタンを押下します。

▲ パスワード

▼ 多要素認証（MFA）

MFA を使用して、AWS 環境のセキュリティを強化します。MFA で保護されたアカウントへのサインイン時には、ユーザーデバイスからの認証コードを求められます。

MFA の有効化

他要素認証（MFA）を展開して、[MFAの有効化] ボタンを押下します。

MFA デバイスの管理   ✕

割り当てる MFA デバイスのタイプを選択:

● **仮想 MFA デバイス**
　モバイルデバイスまたはコンピュータにインストールされた Authenticator アプリケーション

○ **U2F セキュリティキー**
　YubiKey やその他の準拠 U2F デバイス

○ **その他のハードウェア MFA デバイス**
　Gemalto トークン

サポートされている MFA デバイスの詳細については、 AWS Multi-Factor Authentication を参照してください。

キャンセル   **続行**

[仮想MFAデバイス] を選択して、[続行] ボタンを押下します。

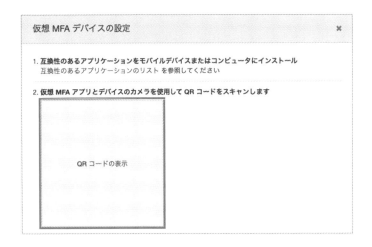

iPhoneまたはAndroidアプリのGoogle Authenticatorまたは、Authyなど互換性のあるアプリを用意します。今回は例としまして、Google Authenticatorの設定方法を記載します。

仮想MFAデバイスの設定画面で[2.仮想MFAアプリとデバイスのカメラを使用してQRコードをスキャンします]で、QRコードの表示を選択します。

Google AuthenticatorをインストールしたスマートフォンでGoogle Authenticatorを起動して、右上の+をタップします。

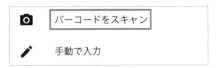

[バーコードをスキャン]を選択します。パソコンのブラウザ画面で表示しているQRコードをスマートフォンでスキャンします。

Amazon Web Serviceと書かれた認証が追加されます。30秒に1回変更される6桁の数字が表示されます。

パソコンのブラウザ画面の仮想MFAデバイスの設定の[3.連続する2つのMFAコードを以下に入力]に、6桁の数字を2回連続で表示されたものを、MFAコード1とMFAコード2に入力して、MFAの割り当てを選択します。

　こちらの画面が表示されれば、MFAの設定は完了です。一度サインアウトしてMFAを使用してサインインのテストをしてみましょう。

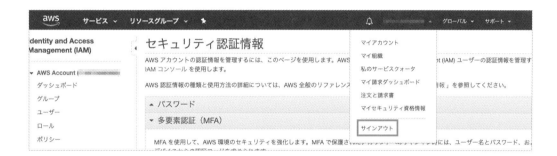

　ブラウザ画面右上のアカウント名を選択して、[サインアウト] を選択します。

　サインアウトされたので、[コンソールにサインイン]ボタンを押下してサインイン画面にアクセスします。

　Eメールアドレスとパスワードで**サインイン**します。

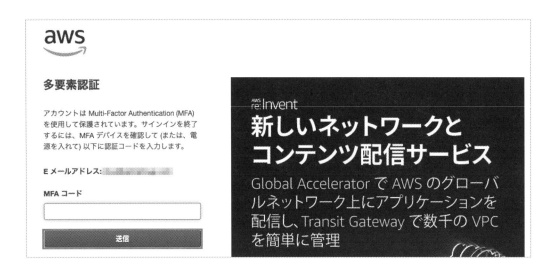

MFAの設定が正常に行われていると、上記の画面になります。

スマートフォンの Google Authenticator に表示されている、6桁の数字を入力して [送信] ボタンを押下します。

正常に MFA を使用したログインができました。

もしもMFA設定したスマートフォンを紛失したり、故障してしまった場合は

今回のようにスマートフォンを使って MFA 設定をした環境で、スマートフォンを紛失してしまったり、スマートフォンが故障してしまったりして、Google Authenticator などの MFA アプリにアクセスできなくなったとします。

AWS マネジメントコンソールにサインインができなくなってしまい困ります。

復旧する手段があります！

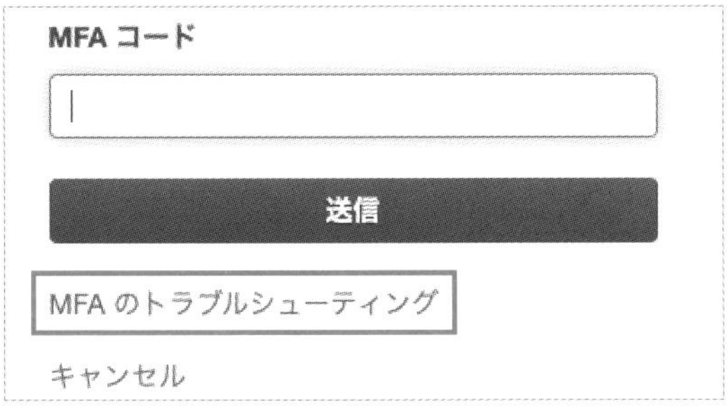

MFA コード

| |

| 送信 |

| MFA のトラブルシューティング |

キャンセル

そんな場合は、MFA コードの入力画面で［MFA のトラブルシューティング］を選択します。

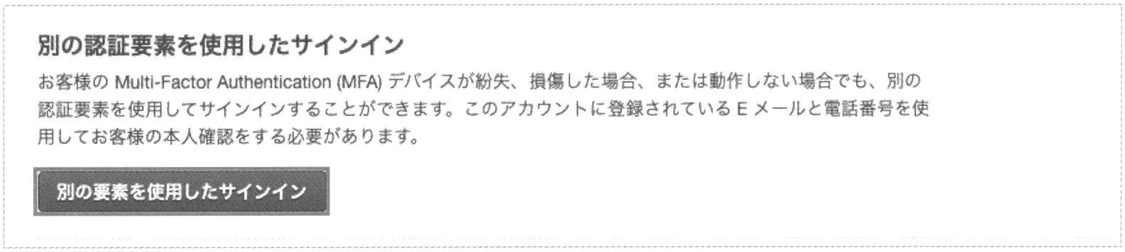

別の認証要素を使用したサインイン

お客様の Multi-Factor Authentication (MFA) デバイスが紛失、損傷した場合、または動作しない場合でも、別の認証要素を使用してサインインすることができます。このアカウントに登録されている E メールと電話番号を使用してお客様の本人確認をする必要があります。

| 別の要素を使用したサインイン |

［別の要素を使用したサインイン］ボタンを押下して、ルートユーザーの E メールアドレスと AWS アカウント作成時に使用した電話番号を使って本人確認をすることで、復旧ができます。

2.2.4 IAM ユーザーを作成してセキュアな運用をしよう

ルートユーザーの MFA による保護は完了しました。

次に **IAM ユーザー**を作成します。AWS アカウント内での操作をする上で、ルートユーザーを使用して操作を行うことは、漏洩リスクから考えても危険です。AWS アカウント内での操作をするための IAM ユーザーを作成します。

そして、その作成した IAM ユーザーには、請求書の確認もできるように権限を与えることにします。

ルートユーザーでマネジメントコンソールにログインして、右上のアカウント名を選択して、［マイアカウント］を選択します。

　任意の設定ですが、お支払い通貨を日本円に変更される方は、このアカウントメニューにある、お支払通貨の設定セクションで変更しておきます。

　少し下にスクロールして、IAMユーザー/ロールによる請求情報へのアクセスセクションを探します。初期状態では、IAMユーザーは請求情報にはアクセスできないようになっています。右の[編集]から変更します。

　[IAMアクセスのアクティブ化]にチェックをして[更新]ボタンを押下します。

左上のサービス検索で「iam」を探して選択してIAMのダッシュボードへ移動します。

IAMダッシュボードの左ペインで[ユーザー]を選択して、右ペインの[ユーザーを追加]ボタンを押下します。

ユーザー名を任意に決めます。アクセスの種類は[AWSマネジメントコンソールへのアクセス]を選択します。パスワードはカスタムパスワードとして決めてしまいます。自動生成パスワードを選択して自動的に作成してもOKです。桁数の多い、英数大文字小文字記号が入った複雑なパスワードをお勧めします。

今回は自分自身のIAMユーザーを作成しているので[パスワードのリセットが必要]のチェックは外しておきます。[次のステップ：アクセス権限]ボタンを押下します。

[既存のポリシーを直接アタッチ] を選択して、AdministratorAccess ポリシーにチェックを入れます。

[ポリシーのフィルター] で「billing」などで検索し、Billing ポリシーにもチェックを入れます。

[次のステップ: タグ] ボタンを押下します。タグの設定画面では今回はそのまま [次のステップ: 確認] ボタンを押下します。

　確認画面が表示されるので、[ユーザーの作成] ボタンを押下します。ユーザーが作成されたことが表示されるので [閉じる] ボタンを押下して IAM のユーザー一覧へ戻ります。

　作成した IAM ユーザーが一覧に表示されるので、IAM ユーザー名を選択します。

認証情報タブでMFAデバイスの割り当ての[管理]を選択します。ルートユーザーに設定したときと同様に
MFAの設定をします。

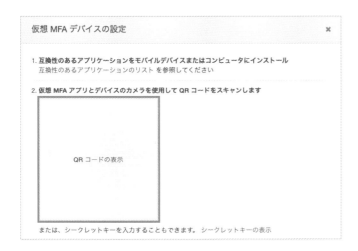

仮想MFAデバイスを選択して[続行]ボタンを押下します。

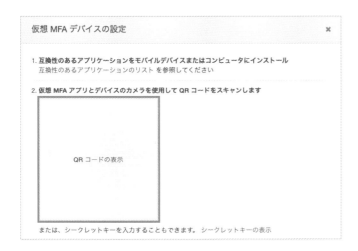

仮想MFAデバイスの設定画面で[2.仮想MFAアプリとデバイスのカメラを使用してQRコードをスキャンしま
す]で、QRコードの表示を選択します。

Google AuthenticatorをインストールしたスマートフォンでGoogle Authenticatorを起動して、右上の＋をタップします。

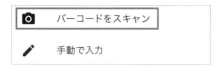

バーコードをスキャンを選択します。パソコンのブラウザ画面で表示しているQRコードをスマートフォンでスキャンします。

Amazon Web Serviceと書かれた認証が追加されます。30秒に1回変更される6桁の数字が表示されます。

パソコンのブラウザ画面の仮想MFAデバイスの設定の[3.連続する2つのMFAコードを以下に入力]に、6桁の数字を2回連続で表示されたものを、MFAコード1とMFAコード2に入力して、MFAの割り当てを選択します。

こちらの画面が表示されれば、MFAの設定は完了です。これでルートユーザーでログインしての操作は完了です。12桁のアカウントID、IAMユーザー名、設定したパスワードを自分しかアクセスできない場所に記録して、サインアウトします。

MFAを使ってルートユーザーを守りましょう！

2.2.5 請求アラームを作成して課金状況を確認しよう

AWSは月末に請求が締まりますが、月中でも課金状況は確認できます。

想定外に使いすぎていたり、終了することを忘れているリソースがあったり、またあってはいけませんが不正アクセスによって勝手にAWSリソースを使用されたり、といったことが発生した際にも、なるべくいち早く気付けるように請求アラームを設定しておきます。

作成したIAMユーザーでサインインして設定します。

サインイン画面で12桁のアカウントIDを入力します。

IAMユーザー名とパスワードが入力できるので、先ほど作成したIAMユーザー名とパスワードを入力してサインインします。

MFAコード入力画面になるので、スマートフォンに表示されている6桁のMFAコードを入力します。

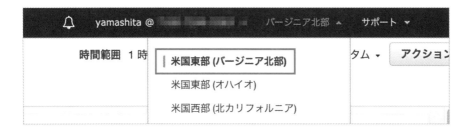

Amazon CloudWatchを使用します。「CloudWatch」を検索してアクセスします。

右上のリージョン選択で、米国東部（バージニア北部）を選択します。
請求情報はバージニア北部リージョンにあります。

左ペインで［請求］を選択します。右ペインで［アラームの作成］ボタンを押下します。

メトリクスと条件の指定

メトリクス
　　　　　　　　　　　　　　　　　　　　　　　　　　　　　　　　［編集］

グラフ
このアラームは青線が上回る赤線の場合に、1データポイント (6 時間内) に対してトリガーされます

```
2


1.5


1 ————————— データがありません。
ダッシュボードの時間範囲を閲覧してみてください。

0.5


0
    11/14      11/16      11/18
● EstimatedCharges
```

名前空間
AWS/Billing

メトリクス名
EstimatedCharges

Currency
USD

統計
🔍 最大　　　　　　　　　　　　　　　×

期間
6 時間　　　　　　　　　　　　　　　▼

メトリクス名、**Currency**、統計、期間はデフォルトのままにします。

条件

しきい値の種類

◉ **静的**
　値をしきい値として使用

○ 異常検出
　バンドをしきい値として使用

EstimatedCharges が次の時...
アラーム条件を定義

◉ **より大きい**
　> しきい値

○ 以上
　>= しきい値

○ 以下
　<= しきい値

○ より低い
　< しきい値

... よりも
しきい値を定義します。

1　　　　　USD

数字である必要があります

▶ その他の設定

　　　　　　　　　　　　　　　　　　　［キャンセル］　［次へ］

条件を決めます。課金がいくらになればアラームを実行するかです。

　AWSアカウントを作って最初の1年間の無料利用枠のみで、なるべく利用したい場合は、想定以上の課金が発生したときに気づきたいと思いますので、1USDにします。

　［次へ］ボタンを押下します。

アラーム状態のアクションの設定をします。

ここでは **Amazon Simple Notification Service（SNS）** を使用します。

　新しいトピックの作成を選択します。トピック名はデフォルトのDefault_CloudWatch_Alarms_Topicにしておきます。通知を受け取るEメールエンドポイントにアラームメールを受信したいEメールアドレスを入力します。［トピックの作成］ボタンを押下します。

　指定したEメールアドレスに請求アラームを送信していいか、確認メールが届くので、本文内の［Confirm subscription］リンクを選択します。

Simple Notification Service

Subscription confirmed!

You have subscribed deminend@gmail.com to the topic:
Default_CloudWatch_Alarms_Topic.

Subscription confirmed! が表示されれば確認完了です。マネジメントコンソールに戻ります。
マネジメントコンソールの画面で[次へ]ボタンを押下します。

説明の追加

名前と説明

一意の名前を定義
アラーム名

> Alarm 1USD

アラームの説明 – オプション
このアラームの説明を定義します。オプションでマークダウンを使用することもできます。

> アラームの説明

最大1024文字 (0/1024)

キャンセル　　戻る　　次へ

任意のアラーム名を入力します。
[次へ]ボタンを押下します。
確認画面が表示されるので[アラームの作成]ボタンを押下します。

Chapter.2 ／ セキュアな環境を構築する

請求アラームが作成できました。

　いくつかの段階で作成する場合は、同じ手順で、SNSトピックは既存のSNSトピックを選択します。

　CloudWatchのアラームは10個までなら毎月無料で使用できますが、あまり無意味に多くのアラームは作らないようにしましょう。

これで意図しない課金が発生したときにはメールが届くようになりました！

AWSでLinuxサーバーを
起動しよう

Chapter.3 AWSでLinuxサーバーを起動しよう

 3.1 EC2ってどんなもの?

本書では、**Amazon Elastic Compute Cloud(EC2)** を使ってLinuxサーバーを構築します。
まず、EC2というサービスの概要について解説します。

3.1. 1 無制限にデータを保存

- 必要なサーバーを必要なときに起動。
- 要らなくなればいつでも使い捨てできる。
- 使った時間に対してのみ課金。
- 数分で起動できる。
- 様々な用途、サイズから性能を選択できる。
- **AMI(Amazon Machine Image)** から同じ構成のサーバーを複数起動できる。
- **AWSの他のサービスと連携することで管理が容易。**
- 世界中のリージョンで起動できる。

など、様々なメリットがEC2の特徴としてあげられますが、素早く起動して簡単に試して捨てることができる、という点が本書のような検証を行う際にも非常に魅力的です。
ここからは実際にEC2を起動しながら、主要な機能の説明をしていきます。

 3.2 EC2インスタンスを作成しよう

インスタンスとは、EC2で構築する仮想サーバーのことと認識してください。
まずはマネジメントコンソールにサインインして、EC2のダッシュボードにアクセスしましょう。

AWS のサービス	外出先でリソースにアクセスする
サービスを検索する 名称、キーワード、頭文字を入力できます。 🔍 EC2 ✕ EC2 クラウド内の仮想サーバー ECS Docker コンテナの実行と管理	📱 AWS コンソールモバイルアプリを使用してマネジメントコンソールにアクセスします。詳細はこちらから 🔗 **AWS を試す**

マネジメントコンソールのサービス検索で検索しても、すべてのサービスから探してもすぐにEC2は見つかります。

まずはリージョンを選択します。世界中様々なリージョンから選択できます。今回は東京リージョンを選択します。

リージョンを選択したら、[インスタンスを起動] ボタンからインスタンスの作成を開始します。

AMI（Amazon Machine Image）を選択します。

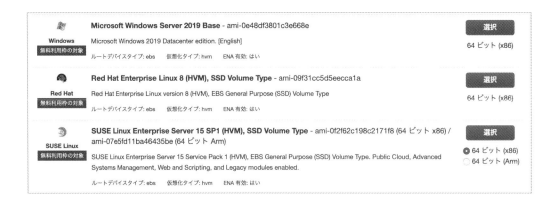

クイックスタートというタブで下にスクロールしていくと様々なOS（オペレーティングシステム）が選択できることがわかります。

今回は **Amazon Linux 2**を選択します。Amazon Linux 2はRedhat系のディストリビューションです。
Amazon Linux 2はRHEL7, CentOS7とよく似た構成になっているので同じようなコマンドが使用できます。
また、最初からAWS CLIというAWSのリソースを操作するコマンドツールや、AWS Systems Managerエージェント、というEC2を管理しやすくするプログラムが、あらかじめインストールされているため、便利に扱えます。

クイックスタート以外のAMIで、マイAMIはAWSアカウントでカスタマイズしたEC2から独自に作成したAMI、MarketPlaceはソフトウェアベンダーがあらかじめ用意しているソフトウェアインストール済のAMIが用意されています。
ご参考までに見ておいてください。
Amazon Linux 2の右の［選択］ボタンを押下します。

次はインスタンスタイプの選択です。様々な使用用途、性能から選ぶことができます。

今回は AWS アカウント作成後1年間の無料利用枠がある **t2.micro** を選択します。

AWS クラウド無料利用枠（https://aws.amazon.com/jp/free/）とは、AWS アカウントを作成してから、最初の1年間無料で利用できるサービスや時間と、すべてのアカウントで無期限で無料で利用できるサービスがあります。

本書ではなるべく、最初の1年間は無料利用枠のものを選択して検証できるようにします。**本書の中でも課金が発生するものもありますので、利用の際には各サービスの料金をご確認ください。**

また、すでにアカウントを1年以上ご利用の方は、課金が発生するものもありますので同様にご確認ください。

t2.micro を選択したら、右下の［次のステップ：インスタンスの詳細の設定］ボタンを押下します。

ステップ 3: インスタンスの詳細の設定

要件に合わせてインスタンスを設定します。同じ AMI からの複数インスタンス作成や、より低料金を実現するためのスポットインスタンスのリクエスト、インスタンスへのアクセス管理ロール割り当てなどを行うことができます。

インスタンス数	1 　　　　　Auto Scaling グループに作成する
購入のオプション	スポットインスタンスのリクエスト
ネットワーク	vpc-■■■■■-■■ (デフォルト) 　　C 新しい VPC の作成
サブネット	優先順位なし (アベイラビリティーゾーンのデフォ 　新しいサブネットの作成
自動割り当てパブリック IP	サブネット設定を使用 (有効)
配置グループ	インスタンスをプレイスメントグループに追加します。
キャパシティーの予約	開く 　　　　C 新しいキャパシティー予約の作成
IAM ロール	なし 　　　　C 新しい IAM ロールの作成
シャットダウン動作	停止
終了保護の有効化	誤った終了を防止します
モニタリング	CloudWatch 詳細モニタリングを有効化

キャンセル　戻る　**確認と作成**　**次のステップ: ストレージの追加**

インスタンスの詳細の設定では、ネットワークの構成や起動時の設定、セキュリティ権限などを設定します。

今回はデフォルトのまま、[次のステップ: ストレージの追加] ボタンを押下します。

ステップ 4: ストレージの追加

インスタンスは次のストレージデバイス設定を使用して作成されます。インスタンスに追加の EBS ボリュームやインスタンスストアボリュームをアタッチするか、ルートボリュームの設定を編集することができます。また、インスタンスを作成してから追加の EBS ボリュームをアタッチすることもできますが、インスタンスストアボリュームはアタッチできません。Amazon EC2 のストレージオプションに関する詳細はこちらをご覧ください。

ボリュームタイプ	デバイス	スナップショット	サイズ (GiB)	ボリュームタイプ	IOPS	スループット (MB/秒)	終了時に削除	暗号化
ルート	/dev/xvda	snap-04f018503de5cec97	8	汎用 SSD (gp2)	100 / 3000	該当なし	☑	暗号化な ▼

新しいボリュームの追加

無料利用枠の対象であるお客様は 30 GB までの EBS 汎用 (SSD) ストレージまたはマグネティックストレージを取得できます。無料利用枠の対象と使用制限に関する 詳細はこちら。

キャンセル　戻る　**確認と作成**　**次のステップ: タグの追加**

ストレージの追加では、使用するボリュームストレージのサイズやタイプを設定します。

今回はデフォルトのまま、[次のステップ: タグの追加] ボタンを押下します。

ステップ 5: タグの追加

タグの追加では、タグを設定することができます。タグはいわば、目印です。後で見てこのEC2インスタンスが何のために起動したものかわかるようにします。

[タグの追加]ボタンを押下してタグを追加します。

キーに「Name」、値に「LinuxServer」と入力してください。
[次のステップ: セキュリティグループの設定]を押下します。

セキュリティグループの設定では、EC2インスタンスに対して、どのポートを、どの送信元から許可するか設定します。
セキュリティグループの割り当てでは[新しいセキュリティグループを作成する]を選択します。
セキュリティグループ名は任意で決めますが、今回は「linux-sg」としてください。
説明フィールドも任意に決めますが、「for LinuxServer」としてください。

続いてルールを設定します。今回は、SSH（Secure Shell）を使用して、EC2インスタンスにアクセスします。
タイプは「SSH」を選択します（すでに選択されている場合はそのままでいいです）。
ソースは「マイIP」を選択します。
「マイIP」を選択することで、今現在使っているPCのグローバルIPアドレスが自動で設定されます。他のグローバルIPアドレスから、SSHポートに対して攻撃してくることを防ぎます。
[確認と作成]ボタンを押下します。

確認画面になりますので[起動]ボタンを押下します。

　既存のキーペアを選択するか、新しいキーペアを作成します。が表示されますので、[新しいキーペアの作成]を選択して、キーペア名は任意に入力できますが、今回は「mykey」とします。

　[キーペアのダウンロード]ボタンを押下します。SSH接続する際に必要な、秘密鍵ファイルがダウンロードされますので、紛失しないように保存してください。

　[インスタンスの作成]ボタンを押下します。

作成ステータス

✅ **インスタンスは現在作成中です**
次のインスタンスの作成が開始されました: ▨▨▨▨▨▨▨▨　作成ログの表示

　作成ステータスが表示されます。画面下までスクロールして、[インスタンスの表示]ボタンを押下します。

EC2インスタンスがrunningになったら、下ペインの右側のパブリックIPアドレスをメモ帳などにコピーしておきます。

EC2インスタンスへSSHアクセスしてみよう

まずはキーペア作成時にダウンロードした秘密鍵を用意します。

3.3.1 Windowsの場合

WindowsからSSHで接続する方法はいくつかありますが、今回はTera Termを使用した方法を記載します。

Tera TermがインストールされていないWindowsクライアントの場合は、ブラウザで「Tera Term」を検索して、インストーラーをダウンロードしてインストールをしてください（インストールは自己責任でお願いいたします）。

Tera Termを起動します。

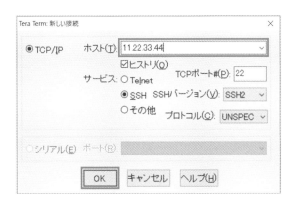

ホストにEC2インスタンスのパブリックIPアドレスを入力します。[OK]ボタンを押下します。

[セキュリティ警告]が表示されたら、[このホストをknown hostsリストに追加する]にチェックを入れて、[続行]ボタンを押下します。

Chapter.3 / AWSでLinuxサーバーを起動しよう

ユーザー名に「ec2-user」と入力します。

ec2-userはAmazon Linux 2に起動時に作成されているユーザーです。

[RSA/DSA/ECDSA/ED25519鍵を使う] を選択して、[秘密鍵] ボタンを押下します。

　秘密鍵ファイル選択の拡張子を、[すべてのファイル] に切り替えると、EC2インスタンス起動中のキーペア作成時にダウンロードしたmykey.pemが表示されるので選択します。

秘密鍵が選択された状態で、[OK]ボタンを押下します。

上記の画面が表示されれば、ログイン完了です。ウインドウを閉じれば切断できます。

3.3. 2 Macの場合

ダウンロードしたmykey.pemを任意のディレクトリに移動します。

筆者はホームディレクトリの.sshディレクトリに移動しました。

パーミッションを600にします。

```
$ chmod 600 mykey.pem
```

EC2インスタンスのパブリックIPアドレス（下記では例で11.22.33.44としています）へSSHでログインします。
ec2-userはAmazon Linux 2に起動時に用意されているユーザーです。

```
$ ssh -i mykey.pem ec2-user@11.22.33.44
```

```
The authenticity of host '11.22.33.44 (11.22.33.44)' can't be established.
ECDSA key fingerprint is SHA256:xxxxxxxxxxxxxxxxxxxxxxxxxxxxxxxxxxxxxxxxxxxxx.
Are you sure you want to continue connecting (yes/no)?
```

上記のようなメッセージが表示されますので、yesと入力して [Enter] キーを押下します。

```
Warning: Permanently added '11.22.33.44' (ECDSA) to the list of known hosts.

    __|  __|_  )
    _|  (     /   Amazon Linux 2 AMI
   ___|\___|___|

https://aws.amazon.com/amazon-linux-2/
16 package(s) needed for security, out of 27 available
Run "sudo yum update" to apply all updates.
[ec2-user@ip-172-31-35-102 ~]$
```

上記の表示がされればログイン完了です。exitでログアウトできます。

> EC2インスタンスのlinuxサーバーにはデフォルトで
> キーペアを使った安全な認証ができます！

3.4 ## セッションマネージャを使用した**EC2インスタンスへのアクセス**

SSHアクセスの場合は、Windowsでは専用ソフトウェアをインストールしたり、秘密鍵を保存しておかなければならなかったり、セキュリティグループで22番ポートを許可しなければならないといった、セキュリティ運用の懸念もあります。

マネジメントコンソールから同様の操作が行えるのであれば、それも一つの便利な方法です。

より多くの方法を知っていただくために、従来のSSHでの接続方法を紹介しましたが、ここからは比較的新機能のセッションマネージャを使用した接続方法を紹介します。

セッションマネージャは、**AWS Systems Manager**というサービスの一つの機能です。

Amazon Linux 2には元々、AWS Systems Managerのエージェントがインストール済ですので、EC2にSystems Managerへのアクセス権限を設定することで利用可能となります。

3.4.1 **EC2へのアクセス権限を設定しよう**

EC2にSystems Managerへのアクセス権限を設定するには、**IAMロール**を使用します。

マネジメントコンソールでIAMのダッシュボードにアクセスしてください。

IAMロールとは、使用することで特定の権限をAWSリソースに付与できる要素のことです。

左ペインで[ロール]を選択して、右ペインで[ロールの作成]ボタンを押下します。

信頼されたエンティティの種類を選択では、[AWSサービス]を選択します。

このロールを使用するサービスを選択

EC2
Allows EC2 instances to call AWS services on your behalf.

Lambda
Allows Lambda functions to call AWS services on your behalf.

| API Gateway | CodeBuild | EKS | Kinesis | S3 |
| AWS Backup | CodeDeploy | EMR | Lambda | SMS |

* 必須   キャンセル   **次のステップ: アクセス権限**

このロールを使用するサービスを選択では、[EC2] を選択します。

[次のステップ: アクセス権限] ボタンを押下します。

▾ Attach アクセス権限ポリシー

新しいロールにアタッチするポリシーを 1 つ以上選択します。

ポリシーの作成   ⟳

ポリシーのフィルタ ∨   Q SSMManaged   1 件の結果を表示中

	ポリシー名 ▾	次として使用
✓ ▸	📖 AmazonSSMManagedInstanceCore	なし

須   キャンセル   戻る   **次のステップ: タグ**

ポリシーのフィルターで「SSMManaged」と入力すると、AmazonSSMManagedInstanceCore ポリシー
が結果表示されますので選択します。

[次のステップ: タグ] ボタンを押下します。

タグの追加 (オプション)

IAM タグは、ロール に追加できるキーと値のペアです。タグには、E メールアドレスなどのユーザー情報を含めるか、役職などの説明文とすることがで
きます。タグを使用して、この ロール のアクセスを整理、追跡、制御できます。 詳細はこちら

キー	値 (オプション)	削除
新しいキーを追加		

さらに 50 個のタグを追加できます。

     キャンセル   戻る   **次のステップ: 確認**

今回はタグを追加せずに [次のステップ: 確認] ボタンを押下します。

ロール名は任意に決定しますが今回は「LinuxRole」と入力して、[ロールの作成]ボタンを押下します。

IAMロールが作成できました。

IAMロールには何を許可するかIAMポリシーをアタッチします！

Chapter.3 / AWSでLinuxサーバーを起動しよう

3.4.2 EC2にIAMロールをアタッチしよう

作成したIAMロールをEC2に割り当てます。EC2のダッシュボードに移動します。

左のナビゲーションペインからインスタンスを選択してインスタンス一覧を表示します。

EC2インスタンスのLinuxServerを選択して、[アクション]-[インスタンスの設定]-[IAMロールの割り当て/置換]を選択します。

作成したIAMロール「LinuxRole」を選択します。

[閉じる]ボタンを押下します。

IAMロールの割り当て処理はオンラインで行われますが、AWS Systems Managerエージェントの再起動をしたいので、EC2を再起動します。

起動中のEC2インスタンスにオンラインで
IAMロールを割り当てできます！

3.4. 3 AWS Systems Manager セッションマネージャから接続確認してみよう

必要な設定が完了しましたので、セッションマネージャから接続できるか確認してみます。

サービス検索で、「systems」などを入力して検索します。Systems Managerが表示されますので選択します。

Chapter.3 / AWSでLinuxサーバーを起動しよう

左のナビゲーションペインで、[マネージドインスタンス] を選択します。
右のマネージドインスタンス一覧に LinuxServer が表示されるか確認します。

左のナビゲーションペインで、[セッションマネージャー] を選択します。
右ペインの [セッションの開始] ボタンを押下します。

インスタンスを選択して、[セッションの開始] ボタンを押下します。

ブラウザでターミナルにアクセスできました。右上の[終了]ボタンでセッションを終了できます。

ここから先は、SSHでログインするのではなく、セッションマネージャを使った方法で解説します。

2019年12月より、EC2インスタンスの一覧画面より、EC2インスタンスを選択して、[接続]メニューよりセッションマネージャへの接続が可能になりました。

このように、マネジメントコンソールも日々ブラッシュアップ(改善)され、より便利になっていきます。

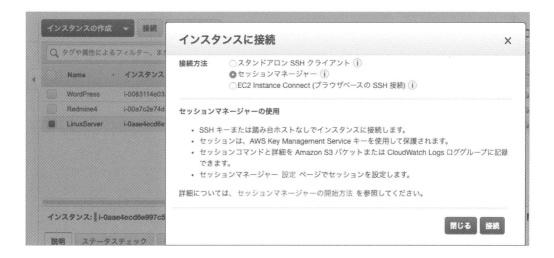

セッションマネージャを使えば簡単に安全にアクセス出来ます!

3.4.4 セキュリティグループを変更しよう

セッションマネージャから接続できるようになりましたので、セキュリティグループのSSHポートへのインバウンドルールは削除します。検証ですので残しておいてもかまいません。その場合はこの手順はスキップしてください。

EC2のダッシュボードに移動します。

左のナビゲーションペインで[セキュリティグループ]を選択します。linux-sgを選択します。
インバウンドタブの[編集]ボタンを押下します。

右のを選択してエントリを削除して、[保存]ボタンを押下します。

3.5 EC2インスタンスを終了、停止するには

EC2インスタンスのステータスとして、停止、終了があります。

停止は一時停止です。停止するとEC2インスタンスの課金は停止しますが、EC2インスタンスにアタッチされているEBSボリュームの課金は継続します。

EBSボリュームもアカウントを作成してから最初の1年間は、30GBまでの使用であれば無料利用枠として用意されてはいますが、不要なリソースはなるべく終了(削除)する癖をつけておきましょう。

EC2インスタンスを終了(削除)しても、再度起動すれば使用できます。

IAMロール、セキュリティグループ、キーペア(使いませんが)はすでに作成済ですので、次回はEC2インスタンスを起動するときに、選択すればいいだけです。このように、リソースを使い捨てできるのも、AWSクラウドのメリットです。

もしも何かソフトウェアをインストールしたり、プログラムやシェルスクリプトを作成して、EC2の環境を残しておきたい、という場合は、使わない時間は停止をしておくことをお勧めします。

また、当分使用しないのであれば、AMIを作成して終了することも一つの選択肢です。

3.5.1 AMIを作成しよう

マネジメントコンソール EC2インスタンスのダッシュボードで、インスタンス一覧から、該当のEC2インスタンスを選択して、[アクション]-[イメージ]-[イメージの作成]を選択します。

イメージの作成

インスタンス ID ⓘ	・・・・・・・
イメージ名 ⓘ	LinuxAMI
イメージの説明 ⓘ	for Linux Test
再起動しない ⓘ	☐

インスタンスボリューム

ボリュームタイプ ⓘ	デバイス ⓘ	スナップショット ⓘ	サイズ(GiB) ⓘ	ボリュームタイプ ⓘ	IOPS ⓘ	スループット(MB/秒) ⓘ	終了時に削除 ⓘ	暗号化済み ⓘ
ルート	/dev/xvda		8	汎用 SSD (gp2)	100 / 3000	該当なし	☑	暗号化なし

新しいボリュームの追加

EBS ボリュームの合計サイズ: 8 GiB
EBS イメージを作成すると、上の各ボリュームの EBS スナップショットも作成されます。

キャンセル **イメージの作成**

イメージの作成画面でイメージ名とイメージの説明を任意で入力して、[イメージの作成]ボタンを押下します。

[イメージの作成リクエストを受け取りました。] が表示されました。

[保留中のイメージ〜の表示] ボタンを押下して確認します。

ステータス列が、availableになればAMI作成完了です。

AMIを選択して、[起動] ボタンを押下して、AMIを元にしたEC2インスタンスが起動できます。

元にしたEC2インスタンスを終了（削除）する場合は、一度AMIを元に新しいEC2インスタンスを起動してみて、必要なデータやソフトウェアやプログラムが正常に動作するかを確認してから、元のEC2インスタンスを終了するようにしましょう。

> AMIがあればいくつでも同じEC2インスタンスを起動できます！

3.5.2 EC2インスタンスを停止してみよう

EC2インスタンスのLinuxサーバー上のデータを残しておきたく、また使用するような場合は停止しておくこともできます。

マネジメントコンソール EC2インスタンスのダッシュボードで、インスタンス一覧から、該当のEC2インスタンスを選択して、[アクション]-[インスタンスの状態]-[停止] を選択します。

「これらのインスタンスを停止してよろしいですか?」と表示されるので、[停止する]ボタンを押下します。

ステータス列がstoppingに変わります。

ステータス列がstoppedになれば停止完了です。

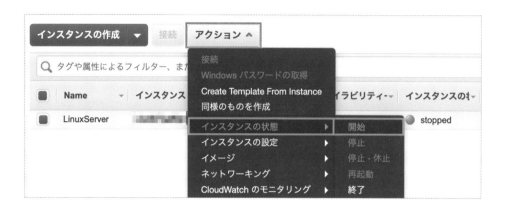

EC2インスタンスを開始したいときは、[アクション] - [インスタンスの状態] - [開始] を選択します。

EC2インスタンスを再作成するには

ここまでにEC2インスタンスを作成して、最初はSSHで接続確認をして、その後セッションマネージャからの接続を確認して、最終的にセキュリティグループを変更しました。

この先、本書を読み進めるにあたり、コマンドを実行した結果、オペレーティングシステムを破壊してしまったり、元の状態に戻すことができなくなったり、ということがあるかもしれません。

ですが、恐れることはありません。間違えればそのインスタンスは使い捨てしてしまえばいいのです。最終章にEC2インスタンスなど、AWSリソースの削除手順を記載します。

間違えてしまって取り戻せなくなってしまった場合は、最終章を参考にして、インスタンスを使い捨てましょう。

そして、ここに記載する手順を参考にして、新しいきれいなEC2インスタンスを作成して、またチャレンジしていきましょう。

2回目以降に、本書の手順向けにEC2インスタンスを作成する手順を記載します。

間違えても怖くない！EC2インスタンスをまた作ればいいです！

インスタンスを起動

Amazon EC2 の使用を開始するには、Amazon EC2 インスタンスと呼ばれる仮想サーバーを作成します。

インスタンスを起動 ▼

注意: インスタンスは アジアパシフィック (東京) リージョンで起動されます

EC2ダッシュボードでリージョンを指定して [インスタンスを起動] ボタンからインスタンスの作成を開始します。

Amazon Linux 2を選択します。

t2.micro を選択します。

右下の [次のステップ: インスタンスの詳細の設定] ボタンを押下します。

1. AMI の選択　2. インスタンスタイプの選択　**3. インスタンスの設定**　4. ストレージの追加　5. タグの追加　6. セキュリティグループの設定　7. 確認

ステップ 3: インスタンスの詳細の設定

要件に合わせてインスタンスを設定します。同じ AMI からの複数インスタンス作成や、より低料金を実現するためのスポットインスタンスのリクエスト、インスタンスへのアクセス管理ロール割り当てなどを行うことができます。

インスタンス数 ⓘ	1 　　　　　Auto Scaling グループに作成する ⓘ
購入のオプション ⓘ	☐ スポットインスタンスのリクエスト
ネットワーク ⓘ	vpc-xxxxx-xxx (デフォルト) ▾　Ｃ 新しい VPC の作成
サブネット ⓘ	優先順位なし (アベイラビリティーゾーンのデフォル ▾　新しいサブネットの作成
自動割り当てパブリック IP ⓘ	サブネット設定を使用 (有効) ▾
配置グループ ⓘ	☐ インスタンスをプレイスメントグループに追加します。
キャパシティーの予約 ⓘ	開く ▾　Ｃ 新しいキャパシティー予約の作成
IAM ロール ⓘ	なし ▾　Ｃ 新しい IAM ロールの作成
シャットダウン動作 ⓘ	停止 ▾
終了保護の有効化 ⓘ	☐ 誤った終了を防止します
モニタリング ⓘ	☐ CloudWatch 詳細モニタリングを有効化 追加料金が適用されます

キャンセル　戻る　**確認と作成**　次のステップ: ストレージの追加

基本はデフォルトのままですが、IAMロールのみ設定変更します。

IAM ロール ⓘ	LinuxRole ▾

IAM ロールで「LinuxRole」を選択します。
[次のステップ: ストレージの追加] ボタンを押下します。

1. AMI の選択　2. インスタンスタイプの選択　3. インスタンスの設定　**4. ストレージの追加**　5. タグの追加　6. セキュリティグループの設定　7. 確認

ステップ 4: ストレージの追加

インスタンスは次のストレージデバイス設定を使用して作成されます。インスタンスに追加の EBS ボリュームやインスタンスストアボリュームをアタッチするか、ルートボリュームの設定を編集することができます。また、インスタンスを作成してから追加の EBS ボリュームをアタッチすることもできますが、インスタンスストアボリュームはアタッチできません。Amazon EC2 のストレージオプションに関する詳細はこちらをご覧ください。

ボリュームタイプ ⓘ	デバイス ⓘ	スナップショット ⓘ	サイズ (GiB) ⓘ	ボリュームタイプ ⓘ	IOPS ⓘ	スループット (MB/秒) ⓘ	終了時に削除 ⓘ	暗号化 ⓘ
ルート	/dev/xvda	snap-04f018503de5cec97	8	汎用 SSD (gp2)	100 / 3000	該当なし	☑	暗号化 ▾

新しいボリュームの追加

無料利用枠の対象であるお客様は 30 GB までの EBS 汎用 (SSD) ストレージまたはマグネティックストレージを取得できます。無料利用枠の対象と使用制限に関する 詳細はこちら。

キャンセル　戻る　**確認と作成**　次のステップ: タグの追加

デフォルトのまま、[次のステップ: タグの追加] ボタンを押下します。

[タグの追加]ボタンを押下してタグを追加します。

キーに「Name」、値に「LinuxServer」と入力してください。

[次のステップ: セキュリティグループの設定]ボタンを押下します。

セキュリティグループの割り当ては[既存のセキュリティグループを選択する]を選択します。

セキュリティグループ名は、「linux-sg」を選択します。

[確認と作成]ボタンを押下します。

警告が表示されますが、SystemsManagerのセッションマネージャを使用する予定なので、SSHのポート22番は開いていなくて問題ありません。

[次へ]ボタンを押下します。

確認画面になりますので[起動]ボタンを押下します。

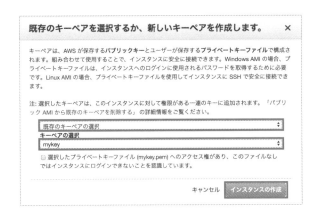

[既存のキーペアを選択するか、新しいキーペアを作成します。]が表示されますので、[キーペアなしで続行]でも
いいのですが、最初に作成したキーペアもありますし、念のため[既存のキーペアの選択]で「Mykey」を選択しましょう。

作成ステータスが表示されます。

画面下までスクロールして、[インスタンスの表示]ボタンを押下します。

Chapter

4

管理者として
コマンドを実行しよう

Chapter. 4 管理者としてコマンドを実行しよう

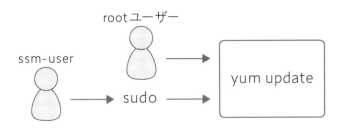

SSHを使用してEC2インスタンスにログインした際に、ターミナルに[Run "sudo yum update" to apply all updates.]と表示されていました。

これは、[sudo yum update]コマンドでアップデートを実行してください、ということです。

この[sudo]と[yum]というコマンド、非常によく使用するコマンドですので、それぞれの章で解説します。

 ## 4.1 ユーザーとは

前章で、セッションマネージャから接続できるようにしましたので、以降はセッションマネージャから操作していきましょう。ここからは実際にコマンドを実行しながら確認していきます。

セッションマネージャにログインしたら、まずはAmazon Linuxのユーザー一覧を確認してみましょう。

ユーザーの情報は、/etc/passwdというファイルに一覧があります。catコマンドで確認してみましょう。

```
$ cat /etc/passwd
```

catコマンドはテキストファイルの内容全体を表示したり、検索したりする際に実行するコマンドです。詳細な使用方法はほかの章で後述します。

cat /etc/passwdの出力結果（/etc/passwdの内容）

```
root:x:0:0:root:/root:/bin/bash
bin:x:1:1:bin:/bin:/sbin/nologin
daemon:x:2:2:daemon:/sbin:/sbin/nologin
adm:x:3:4:adm:/var/adm:/sbin/nologin
lp:x:4:7:lp:/var/spool/lpd:/sbin/nologin
sync:x:5:0:sync:/sbin:/bin/sync
shutdown:x:6:0:shutdown:/sbin:/sbin/shutdown
halt:x:7:0:halt:/sbin:/sbin/halt
mail:x:8:12:mail:/var/spool/mail:/sbin/nologin
```

```
operator:x:11:0:operator:/root:/sbin/nologin
games:x:12:100:games:/usr/games:/sbin/nologin
ftp:x:14:50:FTP User:/var/ftp:/sbin/nologin
nobody:x:99:99:Nobody:/:/sbin/nologin
systemd-network:x:192:192:systemd Network Management:/:/sbin/nologin
dbus:x:81:81:System message bus:/:/sbin/nologin
rpc:x:32:32:Rpcbind Daemon:/var/lib/rpcbind:/sbin/nologin
libstoragemgmt:x:999:997:daemon account for libstoragemgmt:/var/run/lsm:/sbin/
nologin
sshd:x:74:74:Privilege-separated SSH:/var/empty/sshd:/sbin/nologin
rpcuser:x:29:29:RPC Service User:/var/lib/nfs:/sbin/nologin
nfsnobody:x:65534:65534:Anonymous NFS User:/var/lib/nfs:/sbin/nologin
ec2-instance-connect:x:998:996::/home/ec2-instance-connect:/sbin/nologin
postfix:x:89:89::/var/spool/postfix:/sbin/nologin
chrony:x:997:995::/var/lib/chrony:/sbin/nologin
tcpdump:x:72:72::/:/sbin/nologin
ec2-user:x:1000:1000:EC2 Default User:/home/ec2-user:/bin/bash
ssm-user:x:1001:1001::/home/ssm-user:/bin/bash
```

上記のようにユーザーの一覧が表示されます。Linuxには各プロセスを実行するために、ユーザーがあらかじめ用意されています。独自のユーザーを作成することも可能です。

3章で、SSHを使用してログインした際は、ec2-userというユーザーを使用しました。セッションマネージャで接続した際は、ssm-userというユーザーが使用されています。

では、現在ログインしているユーザーが ssm-user かどうかを確認してみましょう。

```
$ whoami
ssm-user
```

ssm-userと表示されます。

現在ログインしている自分のユーザーはssm-userというユーザであることがわかりました。

では、次の/var/log/secureというログファイルの内容を表示するコマンドを実行してみましょう。

```
$ cat /var/log/secure
cat: /var/log/secure: Permission denied
```

cat: /var/log/secure: Permission denied
と表示されました。

これは、ssm-userには/var/log/secure ファイルへの権限がなく、拒否されたこと（denied）を示してます。

Permission（パーミッション）というのは、[許諾] という意味で、アクセス権限を示しています。パーミッションの確認方法、設定方法についてはほかの章で説明します。

　セッションマネージャから接続した時は、ssm-userというユーザーでログインしています。でも、ssm-userにはできないこともある、ということです。
　では、例えばこの拒否された操作、/var/log/secureの内容を確認する必要がある場合はどうすればいいでしょうか？
　このときに使うコマンドが、sudoです。

　まずは実行してみましょう。

```
$ sudo cat /var/log/secure
```

```
Nov 01 00:18:54 ip-172-31-35-102 sudo: ssm-user : TTY=pts/0 ; PWD=/usr/bin ; USER=root ; COMMAND=/bin/who
Nov 01 00:18:54 ip-172-31-35-102 sudo: pam_unix(sudo:session): session opened for user root by (uid=0)
Nov 01 00:18:54 ip-172-31-35-102 sudo: pam_unix(sudo:session): session closed for user root
Nov 01 03:31:01 ip-172-31-35-102 sudo: ssm-user : TTY=pts/0 ; PWD=/usr/bin ; USER=root ; COMMAND=/bin/cat
/var/log/secure
Nov 01 03:31:01 ip-172-31-35-102 sudo: pam_unix(sudo:session): session opened for user root by (uid=0)
```

　今度はファイルの中身が表示されました。

 ## 4.2 sudoコマンドってどんなもの？

　sudoコマンドは別のユーザーとしてコマンドを実行するコマンドです。
　sudo -u ユーザー名をつけてコマンドを実行することで、そのユーザーの権限でコマンドを実行できます。
　-u ユーザー名を省略すると、rootユーザーという最上位の権限を持ったユーザーとして実行されます。
　先ほどの/var/log/secureの例では、rootユーザーとして、/var/log/secureファイルの内容を表示した、ということになります。
　このように実行するときだけ、rootユーザー権限でコマンドを実行することによって、より安全にコマンドの実行を行えます。
　ユーザーを指定する例も実行してみましょう。

```
$ ls /home/ec2-user
ls: cannot open directory /home/ec2-user: Permission denied
```

　ec2-userのホームディレクトリ内の一覧を表示するコマンドです。

拒否されました。ssm-userはほかのユーザーのホームディレクトリ内をリストする権限がありません。

次にec2-userの権限で実行してみます。

```
$ sudo -u ec2-user ls /home/ec2-user
```

今度はエラーになりませんでした。

4.2.1 sudoersファイルとは

どのユーザーでもsudoが実行できるかというと、そうではありません。許可されたユーザーにだけsudoが実行できます。

ssm-userはデフォルトで許可されています。この許可などの設定は、/etc/sudoersファイルで設定されています。sudoを使って/etc/sudoersの内容を見てみましょう。

```
$ sudo cat /etc/sudoers
```

多くの情報が出力されて、下の方に以下の行があります。

```
%wheel ALL=(ALL) ALL
```

これは、wheelというグループに所属するユーザーは、すべてのマシンで、すべてのユーザーとして、すべてのコマンドを実行できる、という設定です。

では、ssm-userは、wheelというグループに所属しているのかを確認します。

```
$ sudo cat /etc/group | grep wheel
wheel:x:10:ec2-userwheel:x:10:ec2-user
```

/etc/groupというグループの設定をしているファイルを、wheel文字列でフィルタリングしているコマンドを実行します。

wheel:x:10:ec2-user

ec2-userだけが表示されました。ec2-userだけがwheelグループに所属しているということです。

/etc/sudoersファイルをもう一度見てみると、一番下の行に次の設定があります。

```
#includedir /etc/sudoers.d
```

これは、/etc/sudoers.d ディレクトリ内のファイルも sudoers の設定とします、という意味です。こうすることで、sudoers を直接修正しなくても、sudo ができるユーザーの設定を安全に行えます。

　ディレクトリ内のファイル一覧を確認してみます。

```
$ sudo ls /etc/sudoers.d
90-cloud-init-users   ssm-agent-users
```

90-cloud-init-users ファイルと ssm-agent-users の2つのファイルがあります。

ssm-agent-users ファイルの内容を表示してみます。

```
$ sudo cat /etc/sudoers.d/ssm-agent-users
ssm-user ALL=(ALL) NOPASSWD:ALL
```

ssm-user に sudo 実行権限が設定されていることが確認できました。

 ## ユーザーを管理してみよう

　本書では Amazon Linux2 起動時に設定されている、ssm-user、ec2-user を使用しますが、ユーザーを個別に作成、管理する運用もあると思います。
　そのためのコマンドを解説します。

> ユーザーの追加、変更、削除を学びましょう！

4.3.1 useradd でユーザーを登録してみよう

useradd は Linux に新規にユーザーを登録するときに使用します。

```
$ useradd mitsuhiro
```

　useradd を実行して新規にユーザーを作成すると、ユーザー情報を格納しているデータベースファイルにアカウント情報が追加されます。

/etc/passwd

ユーザー情報

```
mitsuhiro:x:1002:1002::/home/mitsuhiro:/bin/bash
```

「:」で区切られた情報をフィールドと言います。
/etc/passwdのフィールドは次の構成です。

- 第1フィールド: ログイン名
- 第2フィールド: パスワード、/etc/shadowを使う場合はxが入って、そうでない場合は暗号化パスワードが入ります。
- 第3フィールド: UID(ユーザー番号)
- 第4フィールド: GID(グループ番号)
- 第5フィールド: コメント
- 第6フィールド: ホームディレクトリのパス
- 第7フィールド: ログインシェル

/etc/shadow

ユーザーパスワード情報

```
mitsuhiro:!!:18328:0:99999:7:::
```

- 第1フィールド: ログイン名
- 第2フィールド: 暗号化されたパスワード、「!!」は設定されていない状態。
- 第3フィールド: パスワードの最終変更日、1970年1月1日からの日数。
- 第4フィールド: 変更可能最短日数
- 第5フィールド: パスワード有効期間日数
- 第6フィールド: パスワード変更期間警告通知日
- 第7フィールド: パスワード有効期限経過後にアカウント使用不能になるまでの日数
- 第8フィールド: アカウント失効日、1970年1月1日からの日数。
- 第9フィールド: 未使用

/etc/group

・・

グループ情報

```
mitsuhiro:x:1002:
```

- **第1フィールド**: グループ名
- **第2フィールド**: グループにログインするときのパスワード、**/etc/gshadow** を使う場合は **x** が入って、そうでない場合は暗号化パスワードが入ります。
- **第3フィールド**: **GID(** グループ番号 **)**
- **第4フィールド**: サブグループとして所属しているメンバーのリスト。

　Amazon Linux2の初期状態では、ec2-user が複数グループにサブグループとして所属している。

```
adm:x:4:ec2-user
wheel:x:10:ec2-user
systemd-journal:x:190:ec2-user
```

　idコマンドを実行すると、現在のユーザー情報が出力されます。

　newgrp コマンドでサブグループにログインしてプライマリグループを変更します。

　newgrp コマンドを所属していないサブグループに対して行うときはパスワードが必要です。そのグループにパスワードが設定されていないときにはグループへのログインができません。

　以下コマンドでは、ssm-user で wheel グループにログインをしようとして拒否されます。

　そのあと、ec2-user に切り替えて、ec2-user のプライマリグループを確認、プライマリグループを wheel に変更、元に戻る操作をしています。

```
$ newgrp wheel
Password:
Invalid password.

$ sudo su ec2-user
$ id
uid=1000(ec2-user) gid=1000(ec2-user) groups=1000(ec2-user),4(adm),10(wheel),190(systemd-journal)

$ newgrp wheel
$ id
uid=1000(ec2-user) gid=10(wheel) groups=10(wheel),4(adm),190(systemd-journal),1000(ec2-user)

$ exit
$ id
uid=1000(ec2-user) gid=1000(ec2-user) groups=1000(ec2-user),4(adm),10(wheel),190(systemd-journal)
```

/etc/gshadow

グループパスワード情報

```
mitsuhiro:!::
```

- 第1フィールド：グループ名
- 第2フィールド：暗号化されたパスワード、「!」は設定されていない状態。
- 第3フィールド：グループ管理者のアカウント
- 第4フィールド：サブグループとして所属しているメンバーのリスト。

グループへのパスワードの設定は、gpasswdコマンドで行います。

```
$ sudo gpasswd wheel
Changing the password for group wheel
New Password:
Re-enter new password:
```

グループに管理者を追加するときは、gpasswdコマンドに-Aパラメータを設定します。

```
$ sudo gpasswd -A ssm-user wheel
$ sudo cat /etc/gshadow | grep wheel
wheel:$6$.RAON/JZng8/y$WWeFsJwE9Rwr2Yjd4VhxXhFotSn21Zv3Iq8JijzYHM7FoQsM8c1E51FHXKpSmOOPmnUz7QiDYbs14CNygbkc40:ssm-user:ec2-user
```

useraddのオプション

useradd実行時にはオプションが指定できます。オプションを指定しないときは、/etc/default/useraddファイルのの設定がデフォルト値になります。

Amazon Linux2の/etc/default/useraddは以下の通りです。
useraddコマンドに-Dオプションをつけることで表示できます。

```
$ sudo useradd -D
GROUP=100
HOME=/home
INACTIVE=-1
EXPIRE=
SHELL=/bin/bash
SKEL=/etc/skel
CREATE_MAIL_SPOOL=yes
```

GROUP=100は、ユーザーのデフォルトグループを指定していますが、ここで指定したグループがユーザーのデフォルト所属グループとなるかは、/etc/login.defs の、USERGROUPS_ENAB の値によります。

```
$ sudo cat /etc/login.defs | grep USERGROUP
USERGROUPS_ENAB yes
```

デフォルトでは、USERGROUPS_ENAB が yes になっています。
useradd で mitsuhiro というユーザーを作成した際に、mitsuhiro というグループが作成されました。
USERGROUPS_ENAB が yes になっている場合は、ユーザー名と同じ名前のグループを作成します。
USERGROUPS_ENAB が no になっている場合は、/etc/default/useradd の GROUP= に指定されたグループがユーザーのプライマリグループになります。

```
$ sudo cat /etc/group |grep 100:
users:x:100:
```

HOME=/home はユーザーのホームディレクトリです。/home ディレクトリの下にユーザー名のディレクトリができます。

INACTIVE=-1 はユーザーのパスワードが無効になってから、ユーザーアカウントが無効になるまでの日数です。-1は無期限です。

EXPIRE はユーザーアカウントの有効期限です。値がない場合は無期限です。

SHELL=/bin/bash はユーザーのログインシェルです。SKEL=/etc/skel はユーザーのホームディレクトリのテンプレートです。

CREATE_MAIL_SPOOL=yes はユーザー作成時に、/var/sppol/mail/ディレクトリにメール保存ファイルを作成する設定です。

```
$ sudo ls /var/spool/mail
ec2-user  mitsuhiro  rpc  ssm-user
```

これらのデフォルトの設定は、useradd コマンド実行時にオプションを指定することにより、変更できます。

- **-c**：コメントの指定
- **-d**：ホームディレクトリの指定
- **-e**：アカウント失効日の指定

- **-f** : パスワードが失効してからアカウントが使えなくなるまでの日数
- **-g** : プライマリグループの指定
- **-G** : セカンダリグループの指定
- **-k** : skel ディレクトリの指定
- **-m:** ホームディレクトリを作成する
- **-M:** ホームディレクトリを作成しない
- **-s** : ログインシェルの指定
- **-u** : UID の指定

新規に作成したユーザーでSSHログインしてみよう

Linux サーバーへのログインは、「3-3. EC2インスタンスへのSSHアクセス」で記載したように、プライベートキーファイルを使用したSSHアクセスがAmazon Linux2のデフォルトです。

ユーザー名とパスワードの情報のみでログインができるよりも、プライベートキーファイルを使用したほうが、より安全なためです。

新規にuseraddコマンドで作成したユーザーにキーペアを設定する方法を説明します。

ここでは、キーペアを新規に作成する方法を紹介します。

キーペアを作成しよう

ブラウザからAWSマネジメントコンソール EC2にアクセスして、左ペインのキーペアを選択します。

キーペア (1/1)　　　　　　　　　　　　　　　　⟳ ｜ アクション ▼ ｜ キーペアを作成

🔍 キーペアをフィルタリング　　　　　　　　　　　　　　　　　　〈 1 〉 ⚙

[キーペア作成]ボタンを押下します。

名前

mitsuhiro

名前の長さは最大 255 文字です。有効な文字は、「_」「-」「a～z」「A～Z」「0～9」です。

ファイル形式

● **pem**
　　OpenSSH で使用する場合

○ **ppk**
　　PuTTY で使用する場合

　　　　　　　　　　　　　　　　　　　　　キャンセル｜ キーペアを作成

　作成したユーザー用のキーペアファイル名を設定して、[キーペアを作成]ボタンを押下します。プライベートキーがダウンロードされますので、保存します。
　ここからクライアントでパブリックキーを取得します。クライアントが Mac、Linux の場合、Windows の場合で手順が変わります。

パブリックキーを取得（**Mac、Linux**）しよう
. . . .

　ダウンロードしたプライベートキーファイルを.sshディレクトリに移動してパーミッションを600に変更します。Downloadsディレクトリにダウンロードされた例として記載します。

```
$ mv ~/Downloads/mitsuhiro.pem ~/.ssh/
$ chmod 600 ~/.ssh/mitsuhiro.pem
$ ssh-keygen -y -f ~/.ssh/mitsuhiro.pem
```

　次に示すようにパブリックキーが出力されますのでコピーします。

```
ssh-rsa
AAAAB3NzaC1yc2EAAAADAQABAAABAQCkexfTzmEkw4Q/YsDPo1papnLHe3rI1aFGD9cikTWI9/itLgg8R
d7fyFiB2I2gUaBm7PJyOAuB6xIE3FMn2QnNGfE2JidJSAGRGZe6cfikq7S84VTkozLncv329E1INf385M
FHQJSMEShT7wM3/Yxvd7txWGAkAGXHTOe3XoHCSqtGP7lWwudGxdNhTOF2TbeEBtPDTn9qF3U1I/LT2LJ
Qbj46JiRP6Rwjv+aX2VFId/vCOCr9GJuInKiakkd3OwIfPwWPBh6vg/A3zzIJaNls4OrzPQw8zslisE7g
TlrOXR/cFwk3YOR+Nigpr2K9dkou+hzpToppabYvaq99dTSX
```

76

パブリックキーを取得（Windows）しよう

WindowsにPuttyをインストールします。Puttyはインターネットで検索してダウンロードしてインストールしてください。

インストールするとインストールフォルダ（デフォルトだと、C:¥Program Files¥PuTTy）に、puttygen.exe があるので起動します。

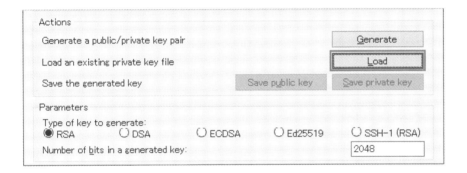

[Load]ボタンを押下して、すべてのファイルを対象にして、ダウンロードした.pemファイルを選択します。

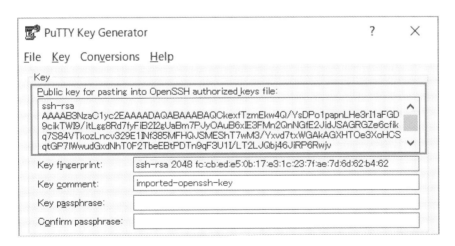

[Public key for pasting into OpenSSH authorized_keys file]にパブリックキーが表示されますので、コピーします。

ユーザーにパブリックキーを設定してみよう

Amazon Linux2にセッションマネージャでアクセスして作業します。

ユーザーを新規作成ユーザーに変更して、.sshディレクトリを作成し、パーミッション変更、authorized_keysファイルを作成して、パーミッションを変更します。

```
$ sudo su - mitsuhiro
$ mkdir .ssh
$ chmod 700 .ssh
$ touch .ssh/authorized_keys
$ chmod 600 .ssh/authorized_keys
```

アペンドモードでcatコマンドを実行します。

```
$ cat >> .ssh/authorized_keys
```

待ち受けている状態になるので、取得したパブリックキーの内容を全部貼り付けて、Enter キー、Ctrl + D キーを押下します。

貼り付けられたか確認します。

```
$ cat .ssh/authorized_keys
ssh-rsa
AAAAB3NzaC1yc2EAAAADAQABAAABAQCkexfTzmEkw4Q/YsDPo1papnLHe3rI1aFGD9cikTWI9/itLgg8R
d7fyFiB2I2gUaBm7PJyOAuB6xIE3FMn2QnNGfE2JidJSAGRGZe6cfikq7S84VTkozLncv329E1INf385M
FHQJSMEShT7wM3/Yxvd7txWGAkAGXHTOe3XoHCSqtGP7lWwudGxdNhTOF2TbeEBtPDTn9qF3U1I/LT2LJ
Qbj46JiRP6Rwjv+aX2VFId/vCOCr9GJuInKiakkd3OwIfPwWPBh6vg/A3zzIJaNls4OrzPQw8zslisE7g
TlrOXR/cFwk3YOR+Nigpr2K9dkou+hzpToppabYvaq99dTSX
```

「3-3. EC2インスタンスへのSSHアクセス」の手順で新規ユーザーでSSHアクセスできるか確認します。

新規ユーザーもキーペアを使って認証できます！

Amazon Linux2へアカウント名とパスワードでログインしてみよう

前述のとおり、アカウント名とプライベートキーを使用して安全なログイン制御をすることを推奨します。

非推奨ではありますが、アカウント名とパスワードでのSSHログインを許可する方法も説明します。

まず、ユーザーにパスワードを設定します。パスワードの設定はpasswdコマンドを使用します。

```
$ sudo passwd mitsuhiro
Changing password for user mitsuhiro.
New password:
Retype new password:
passwd: all authentication tokens updated successfully.
```

Amazon Linux2では、デフォルトでアカウント名とパスワードでのSSHログインを許可していません。
それは、/etc/ssh/sshd_configファイルのPasswordAuthenticationパラメータで指定されています。

```
$ sudo cat /etc/ssh/sshd_config | grep PasswordAuthentication

#PasswordAuthentication yes
PasswordAuthentication no
# PasswordAuthentication.  Depending on your PAM configuration,
# PAM authentication, then enable this but set PasswordAuthentication
```

「#」はコメントアウトされている行です。
コメントアウトされていない行では、PasswordAuthentication noとなっています。
パスワードでのSSHログインを許可していないことを示しています。指定文字の書き換えを行うsedコマンド
を使用して、変更します。

```
$ sudo sed -i -e "s/PasswordAuthentication no/PasswordAuthentication yes/g" /etc/
ssh/sshd_config
```

SSHサービスを再起動します。

```
$ sudo service sshd restart
```

パスワードでのログインを試します。Mac、Linuxクライアントの場合はオプションなしのsshコマンドです。

```
$ ssh mitsuhiro@12.34.56.78
mitsuhiro@12.34.56.78's password:
```

Windowsの場合はTeratermなどでユーザー名とパスワードを使用してログインができます。

パスワードでの運用よりもキーペアでの認証を推奨します。パスワードによる運用を行う場合、パスワードの有
効期限を設定することはできます。
有効期限の設定はchageコマンドで可能です。

```
$ chage mitsuhiro
chage: Permission denied.
sh-4.2$ sudo chage mitsuhiro
Changing the aging information for mitsuhiro
Enter the new value, or press ENTER for the default

        Minimum Password Age [0]: 1
        Maximum Password Age [99999]: 31
        Last Password Change (YYYY-MM-DD) [2020-03-08]:
        Password Expiration Warning [7]:
        Password Inactive [-1]: 0
        Account Expiration Date (YYYY-MM-DD) [-1]: 2020-12-31
```

chageコマンドは /etc/shadow ファイルの各フィールドを更新します。

4.3. 2 usermodでユーザーを変更してみよう

作成したユーザーの変更は、usermodコマンドで実行します。ユーザーの何を変更するかは、パラメータによっ
て指定します。

主なパラメータは次の通りです。

- **-c:** コメントを変更します。
- **-g:** プライマリグループを変更します。
- **-G:** セカンダリグループを変更します。
- **-a:** セカンダリグループを追加します。
- **-u:** ユーザー番号を変更します。
- **-d:** ホームディレクトリを変更します。
- **-l :** ログイン名を変更します。
- **-L:** ユーザーをロックします。
- **-U:** ユーザーのロックを解除します。

4.3. 3 userdelでユーザーを削除

ユーザーを削除するときはuserdelコマンドを実行します。-rオプションをつけると、ホームディレクトリもあわ
せて削除します。

```
$ sudo userdel -r mitsuhiro
```

Chapter

5

インストールを
実行してみよう

インストールを実行してみよう

Chapter. 5

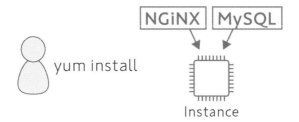

続いて [yum] コマンドについて説明します。

[yum] コマンドは簡単に言うと、インストール、アップデート、アンインストールなどに使用する、パッケージ管理のコマンドです。

 yumの書式

```
yum  オプション コマンド パッケージ名
```

ssm-user で実行する場合は、sudo をつけて実行します。

5.2 yumの主なコマンド

```
yum install パッケージ名
```

指定したパッケージをインストールします。

```
yum update パッケージ名
```

指定したパッケージをアップデートします。

```
yum erase パッケージ名
```

指定したパッケージをアンインストールします。

5.2.1 install コマンドを使ってみよう

Apache Web サーバーをインストールしてみましょう。

> sudo付きのコマンドなので管理者権限で実行しています。

```
$ sudo yum -y install httpd
```

```
Loaded plugins: extras_suggestions, langpacks, priorities, update-motd
amzn2-core
```

リポジトリからプラグインが読み込まれました。

```
Resolving Dependencies
~中略~
Dependencies Resolved
```

yum コマンドによって自動で依存関係の解決が行われます。
依存関係とは、あるパッケージがインストールやアップデートが行われる際に、その前提として必要なパッケージなどのことです。

```
Total download size: 1.8 M
Installed size: 5.1 M
Is this ok [y/d/N]: y
```

ダウンロードサイズ、インストールサイズが表示され、確認されるので、[y] を入力します。

Installed:
インストールしたパッケージの一覧です。

Dependency Installed:
インストールした依存関係です。

Complete!
インストールが成功して終了しました。

途中の確認と [y] の入力はオプションに [-y] をつけることで省略もできます。

5.2. 2 updateコマンドを実行してみよう

[sudo yum update] を実行してみましょう。

> yum updateコマンドでパッケージを最新にすることができます！

```
$ sudo yum update
```

このコマンドはインストール済みのパッケージのアップデートを行います。AMIの状態にもよりますが、多くのログが出力されてアップデートが行われるかと思います。

特に理由がなければ最新のパッケージへアップロードを行っておくことが安全です。

```
Install    2 Packages (+1 Dependent package)
Upgrade   37 Packages

Total download size: 46 M
```

インストールされるパッケージとアップデートされるパッケージの要約が表示されるので、インストール/アップデートするかどうかを指定します。

[y] を入力するとインストール/アップデートが始まります。

Downloading packages:
インストールするパッケージのダウンロードが始まります。

Installed:
インストールしたパッケージの一覧です。

Dependency Installed:
インストールした依存関係です。

Updated:
アップデートしたパッケージです。

Complete!
アップデートが成功して終了しました。

yumコマンドにインストール処理された記録は、/var/log/yum.logに残っています。
確認してみましょう。

```
$ sudo cat /var/log/yum.log
```

```
Nov 01 10:22:47 Updated: 1:openssl-libs-1.0.2k-19.amzn2.0.1.x86_64
Nov 01 10:22:49 Updated: python-libs-2.7.16-4.amzn2.x86_64
Nov 01 10:22:49 Updated: python-2.7.16-4.amzn2.x86_64
Nov 01 10:22:49 Updated: rpm-libs-4.11.3-40.amzn2.0.3.x86_64
Nov 01 10:22:49 Updated: rpm-4.11.3-40.amzn2.0.3.x86_64
Nov 01 10:22:49 Updated: file-libs-5.11-35.amzn2.0.1.x86_64
Nov 01 10:22:49 Updated: openssh-7.4p1-21.amzn2.0.1.x86_64
Nov 01 10:22:49 Updated: 32:bind-license-9.11.4-9.P2.amzn2.0.2.noarch
Nov 01 10:22:49 Updated: 32:bind-libs-lite-9.11.4-9.P2.amzn2.0.2.x86_64
Nov 01 10:22:49 Updated: 12:dhcp-libs-4.2.5-77.amzn2.1.1.x86_64
Nov 01 10:22:49 Updated: 12:dhcp-common-4.2.5-77.amzn2.1.1.x86_64
Nov 01 10:22:49 Updated: 32:bind-libs-9.11.4-9.P2.amzn2.0.2.x86_64
Nov 01 10:22:49 Updated: rpm-build-libs-4.11.3-40.amzn2.0.3.x86_64
Nov 01 10:22:49 Installed: python2-rpm-4.11.3-40.amzn2.0.3.x86_64
Nov 01 10:22:50 Installed: 32:bind-export-libs-9.11.4-9.P2.amzn2.0.2.x86_64
Nov 01 10:22:50 Updated: 2:microcode_ctl-2.1-47.amzn2.0.4.x86_64
Nov 01 10:22:50 Updated: libsss_idmap-1.16.4-21.amzn2.x86_64
Nov 01 10:22:50 Updated: libsss_nss_idmap-1.16.4-21.amzn2.x86_64
Nov 01 10:22:50 Updated: sssd-client-1.16.4-21.amzn2.x86_64
Nov 01 10:22:53 Installed: kernel-4.14.154-128.181.amzn2.x86_64
Nov 01 10:22:53 Updated: 12:dhclient-4.2.5-77.amzn2.1.1.x86_64
Nov 01 10:22:54 Updated: yum-3.4.3-158.amzn2.0.3.noarch
Nov 01 10:22:54 Updated: 32:bind-utils-9.11.4-9.P2.amzn2.0.2.x86_64
Nov 01 10:22:54 Updated: openssh-clients-7.4p1-21.amzn2.0.1.x86_64
Nov 01 10:22:54 Updated: openssh-server-7.4p1-21.amzn2.0.1.x86_64
Nov 01 10:22:54 Updated: file-5.11-35.amzn2.0.1.x86_64
Nov 01 10:22:54 Updated: rpm-plugin-systemd-inhibit-4.11.3-40.amzn2.0.3.x86_64
Nov 01 10:22:54 Updated: python-devel-2.7.16-4.amzn2.x86_64
Nov 01 10:22:54 Updated: libevent-2.0.21-4.amzn2.0.3.x86_64
Nov 01 10:22:54 Updated: 1:openssl-1.0.2k-19.amzn2.0.1.x86_64
Nov 01 10:22:54 Updated: rsyslog-8.24.0-41.amzn2.2.1.x86_64
Nov 01 10:22:55 Updated: tzdata-2019c-1.amzn2.noarch
Nov 01 10:22:55 Updated: libjpeg-turbo-1.2.90-6.amzn2.0.3.x86_64
Nov 01 10:22:55 Updated: 1:system-release-2-11.amzn2.x86_64
Nov 01 10:22:55 Updated: unzip-6.0-20.amzn2.x86_64
Nov 01 10:22:55 Updated: cloud-utils-growpart-0.31-2.amzn2.noarch
Nov 01 10:22:55 Updated: ec2-utils-1.0-2.amzn2.noarch
Nov 01 10:22:55 Updated: libseccomp-2.4.1-1.amzn2.x86_64
Nov 01 10:22:56 Updated: binutils-2.29.1-29.amzn2.x86_64
Nov 01 10:22:56 Updated: kernel-tools-4.14.154-128.181.amzn2.x86_64
Nov 01 10:22:56 Erased: rpm-python-4.11.3-25.amzn2.0.3.x86_64
```

　こちらはシンプルにインストールされたパッケージ、アップデートされたパッケージ、削除されたパッケージがログに残っています。

5.2 3 不要なパッケージはeraseコマンドで削除しよう

もしも間違えてパッケージをインストールしてしまったときは、eraseでアンインストールします。先ほどインストールした、Apache Webサーバーをアンインストールしてみましょう。

```
$ sudo yum erase httpd
```

```
Removed:
  httpd.x86_64 0:2.4.41-1.amzn2.0.1

Dependency Removed:
  mod_http2.x86_64 0:1.15.3-2.amzn2

Complete!
```

インストール済の依存関係もあわせてアンインストールされます。

5.3 amazon-linux-extras

Amazon Linux 2には、amazon-linux-extrasという、新しいバージョンのパッケージを利用可能なリポジトリがあります。利用するソフトウェアによっては、リポジトリにあるバージョンよりも新しい特定のバージョンを指定したい場合もあります。

その際に、amazon-linux-extrasにあるものであれば、Amazon Linux 2でインストールができます。

まず何があるのかを見てみます。

```
$ amazon-linux-extras list
```

出力結果は見づらくなるので、複数マイナーバージョンは省略しています。

```
 0  ansible2              available    [ =2.4.2  ,.. ]
 2  httpd_modules         available    [ =1.0 ]
 3  memcached1.5          available    [ =1.5.1  ,.. ]
 5  postgresql9.6         available    [ =9.6.6  ,.. ]
 6  postgresql10          available    [ =10 ]
 8  redis4.0              available    [ =4.0.5  ,.. ]
 9  R3.4                  available    [ =3.4.3 ]
10  rust1                 available    [ =1.22.1 ,.. ]
11  vim                   available    [ =8.0 ]
```

```
13   ruby2.4                available    [ =2.4.2 ,,, ]
15   php7.2                 available    [ =7.2.0 ,,, ]
16   php7.1                 available    [ =7.1.22 ,,, ]
17   lamp-mariadb10.2-php7.2 available   [ =10.2.10_7.2.0  ,,, ]
18   libreoffice            available    [ =5.0.6.2_15  ,,, ]
19   gimp                   available    [ =2.8.22 ]
20   docker=latest          enabled      [ =17.12.1  ,,, ]
21   mate-desktop1.x        available    [ =1.19.0  ,,, ]
22   GraphicsMagick1.3      available    [ =1.3.29  ,,, ]
23   tomcat8.5              available    [ =8.5.31  ,,, ]
24   epel                   available    [ =7.11 ]
25   testing                available    [ =1.0 ]
26   ecs                    available    [ =stable ]
27   corretto8              available    [ =1.8.0_192  ,,, ]
28   firecracker            available    [ =0.11 ]
29   golang1.11             available    [ =1.11.3  ,,, ]
30   squid4                 available    [ =4 ]
31   php7.3                 available    [ =7.3.2  ,,, ]
32   lustre2.10             available    [ =2.10.5 ]
33   java-openjdk11         available    [ =11 ]
34   lynis                  available    [ =stable ]
35   kernel-ng              available    [ =stable ]
36   BCC                    available    [ =0.x ]
37   mono                   available    [ =5.x ]
38   nginx1                 available    [ =stable ]
39   ruby2.6                available    [ =2.6 ]
40   mock                   available    [ =stable ]
41   postgresql11           available    [ =11 ]
```

執筆時点では、上記のリストが表示されました。php7.3をインストールしてみます。

```
$ sudo amazon-linux-extras install php7.3 -y
```

```
Installed:
  php-cli.x86_64 0:7.3.11-1.amzn2.0.1          php-fpm.x86_64 0:7.3.11-1.amzn2.0.1
php-json.x86_64 0:7.3.11-1.amzn2.0.1
  php-mysqlnd.x86_64 0:7.3.11-1.amzn2.0.1      php-pdo.x86_64 0:7.3.11-1.amzn2.0.1

Dependency Installed:
  php-common.x86_64 0:7.3.11-1.amzn2.0.1
```

インストールが完了しました。

　執筆時点では、Amazon Linux 2でyumコマンドでphpのインストールを行うと、php5.4がインストールされるので、amazon-linux-extrasを使うことでphp7.3が必要な場合にも対応できます。

5.4 RPMコマンドでパッケージを個々に管理しよう

パッケージを個々で管理するときは、rpmコマンドを使用します。オプションを指定して、インストール、アンインストールなど操作をします。

インストール／アップグレードモード

- **-i** : パッケージをインストール
- **-U** : パッケージのアップグレード（なければインストール）
- **-F** : パッケージがインストールされていればアップグレード

併用オプションを追加できます。
- **v** : 詳細情報を表示　　　・**h** : 進行状況を「#」で表示　　　・**--nodeps** : 依存関係を無視してインストール

コマンド例です。

```
$ rpm -ivh RPMパッケージ名
```

照会モード

- **-q** : インストールされたパッケージを照会

併用オプションは以下の通りです。
- **a** : すべてのインストール済パッケージを表示　　　・**p** : 特定のパッケージを指定して照会
- **c** : 設定ファイルのみを表示　　　・**i** : パッケージ情報を表示　　　・**--changelog** : 変更履歴を表示

コマンド例です。
Amazon Linux2でも実行して照会できますので実行してみてください。

```
$ rpm -qa
libfastjson-0.99.4-2.amzn2.0.2.x86_64
kbd-misc-1.15.5-13.amzn2.0.2.noarch
krb5-libs-1.15.1-20.amzn2.0.1.x86_64
libgcc-7.3.1-6.amzn2.0.4.x86_64
glib2-2.56.1-4.amzn2.x86_64

~後略~
```

 ## 5.5 apt-get

Amazon Linux2では、yumコマンドでパッケージ管理をしますが、UbuntuなどのDebian系のLinuxディストリビューションでは、apt-getコマンドでパッケージ管理をします。

ターミナルで
コマンド操作してみよう

Chapter. 6 ターミナルでコマンド操作してみよう

Instance

　次の章から、ターミナルで実際にコマンドを実行しながら、動作を確認します。その前に、代表的なターミナル
の操作方法をいくつか解説します。

便利な機能を使ってみよう

6.1. 1 カーソルの移動方法

　ターミナル上で文字を入力するカーソルを移動する方法の1つとして、矢印キーで ← → キーを複数回押し
ていけばもちろん移動できます。
　もっと早く簡単に、移動したり、カットしたりするショートカットキーが用意されていますので紹介します。ターミ
ナルになにか行を書いて、実際に動かしてみましょう。

- Ctrl + a 　**行頭へ移動**
- Ctrl + e 　**行末へ移動**
- Ctrl + u 　**行頭までカット**
- Ctrl + k 　**行末までカット**
- Ctrl + y 　**最後にカットした内容を挿入**

　カットはその後、Ctrl + y で挿入しなければ削除と変わりません。

6.1. 2 補完機能を使ってみよう

　ターミナルへコマンドやファイル名など入力している途中で Tab キーを押下すると、候補を表示してくれるか、
候補が1つしかないときはその後ろを自動入力してくれます。例えば、5章の amazon-linux-extras など長いコマ
ンドを覚えるのは大変です。
　amazon だけ入力して Tab キーを押下してみましょう。

```
$ amazon [Tab]
```

結果、自動的に ハイフンが追加されて、次の行に2つの候補が表示されます。

```
$ amazon-
amazon-linux-extras   amazon-ssm-agent
```

これはコマンドの候補が2つ見つかって、両方とも amazon- から始まるコマンドだったので、ハイフンが追加されました。そしてその2つの候補が表示されました。

では、次にもう少し先まで入力して、[Tab]キーを押下してみましょう。

```
$ amazon-l [Tab]
```

後ろの部分が自動入力されて、amazon-linux-extras が補完されました。

長いコマンドは [tab] を使って補完入力してもらおう！

6.1.3 コマンド履歴からもう一度実行してみよう

一度実行したコマンドを、もう一度実行する際に、また一から入力するのは面倒です。
[↑]キーで簡単に過去の実行コマンドを遡ったり、行き過ぎたときは[↓]キーで戻れます。

- [↑] **1つ前のコマンド履歴**
- [↓] **1つ次のコマンド履歴**

これだけでもけっこう便利なのですが、かなり前に実行したコマンドを遡るのは大変です。
そんなときは、インクリメンタルサーチを使用します。

- [Ctrl] + [r] **インクリメンタルサーチ**

```
(reverse-i-search)`':
```

[Ctrl] + [r]キーを押下すると、上記の表示になります。この状態で検索したい文字列を入力します。
候補が表示されたら [Enter] キーを押下すると、そのコマンドが実行できます。
実行せずに、インクリメンタルサーチモードを終了するには、[Ctrl] + [g]キーを押下します。

コマンドを調べるときは**man**コマンドを使おう

コマンドを調べるときに man コマンドで調べることができます。コマンドの使い方や機能を知りたいときに使用できます。

man コマンド自身を man コマンドで調べてみましょう。man コマンドは、**man コマンド名**で実行できます。

```
$ man man
```

```
NAME
man - an interface to the on-line reference manuals

SYNOPSIS
man  [-C  file]  [-d]  [-D]  [--warnings[=warnings]]  [-R encoding] [-L locale]
[-m system[,...]] [-M path] [-S list] [-e extension]
[-i|-I] [--regex|--wildcard] [--names-only] [-a] [-u] [--no-subpages] [-P pager]
[-r prompt] [-7] [-E  encoding]  [--no-hyphenation]
[--no-justification] [-p string] [-t] [-T[device]] [-H[browser]] [-X[dpi]] [-Z]
[[section] page ...] ...
man -k [apropos options] regexp ...
man -K [-w|-W] [-S list] [-i|-I] [--regex] [section] term ...
man -f [whatis options] page ...
man  -l  [-C file] [-d] [-D] [--warnings[=warnings]] [-R encoding] [-L locale]
[-P pager] [-r prompt] [-7] [-E encoding] [-p string]
[-t] [-T[device]] [-H[browser]] [-X[dpi]] [-Z] file ...
man -w|-W [-C file] [-d] [-D] page ...
man -c [-C file] [-d] [-D] page ...
man [-?V]

DESCRIPTION
man is the system's manual pager. Each page argument given to man is normally the
name of a program, utility or function.  The  man-
ual  page  associated with each of these arguments is then found and displayed. A
section, if provided, will direct man to look only
in that section of the manual.  The default action is to search in all of the
available sections, following a pre-defined order  and
to show only the first page found, even if page exists in several sections.
```

NAMEセクションを見ると、man は manual の略ということがわかります。

1ページだけでは全部表示できないので、ターミナルの一番下には、[Manual page man(1) line 1 (press h for help or q to quit)] と書かれています。

[Enter] キーを押下していくと、次の行に移動していきますので、少しずつ全体を読んでいくことができます。

[q] キーを押下すると、マニュアルの表示が終わります。

6.2 標準入出力と複数のコマンドを実行してみよう

6.2.1 標準入出力を実行してみよう

例えばecho helloというコマンドを実行します。

```
$ echo hello
hello
```

helloという文字が出力されました。

echoというコマンドは入力をそのまま出力するコマンドです。

この場合の標準入力は、echo helloで、echoがそのまま出力しているので標準出力は結果のhelloです。

標準出力をリダイレクトを使用してファイルに書き込むことができます。

```
$ echo hello > ~/hello.txt
```

このコマンドでは、echo hello の出力を、hello.txtというファイルに書き出しています。

ユーザー管理で何度か実行した、catというコマンドの出力はどうでしょうか。

catはファイルの内容を出力します。今作成した、hello.txtの内容を出力してみましょう。

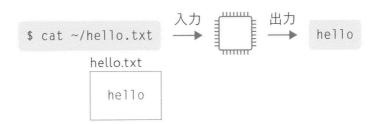

```
$ cat ~/hello.txt
hello
```

hello.txtの内容、helloという文字が出力されました。では、存在しないファイルに対してcatコマンドを使ってみましょう。

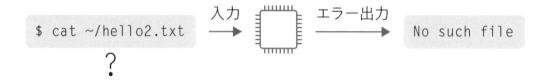

```
$ cat ~/hello2.txt
cat: /home/ssm-user/hello2.txt: No such file or directory
```

エラーメッセージが出力されました。これを標準エラー出力といいます。

標準出力には1、標準エラー出力には2というファイル記述子という数値があります。ファイルにリダイレクトする際に、使い分けをします。

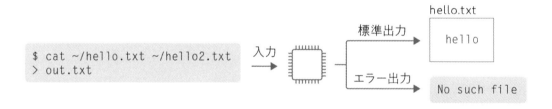

```
$ cat ~/hello.txt ~/hello2.txt > ~/out.txt
cat: /home/ssm-user/hello2.txt: No such file or directory

$ cat ~/out.txt
hello
```

この例では、hello.txtはあるので、内容を出力してout.txtにリダイレクトします。

hello2.txtは存在しないので、エラーがターミナルに出力されます。デフォルトのリダイレクト動作では、標準出力がリダイレクトされて、標準エラー出力はターミナルに出力されます。

標準エラー出力もリダイレクトしたい場合は、2>&1を指定します。

```
$ cat ~/hello.txt ~/hello2.txt
> out.txt 2>&1
```

入力 → 1. 標準出力 → hello.txt
2. 標準エラー出力

```
hello
No such~
```

```
$ cat ~/hello.txt ~/hello2.txt > ~/out.txt 2>&1
$ cat ~/out.txt
hello
cat: /home/ssm-user/hello2.txt: No such file or directory
```

標準エラー出力を標準出力にリダイレクトして、**out.txt**にリダイレクトされています。標準エラー出力のみをリダイレクトしたい場合は次のように実行します。

```
$ cat ~/hello.txt ~/hello2.txt 2> ~/out.txt
hello
$ cat ~/out.txt
cat: /home/ssm-user/hello2.txt: No such file or directory
```

標準出力の**hello**がターミナルに出力されて、標準エラー出力のみがリダイレクトされました。

リダイレクトで追記していきたい場合は、次のようにします。

```
$ echo hello > ~/hello.txt
$ echo world >> ~/hello.txt
$ cat ~/hello.txt
hello
world
```

エラーを確認して問題を素早く修正しよう！

6.2. 2 パイプで複数のコマンドをつなげてみよう

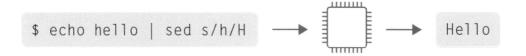

```
$ echo hello | sed s/h/H/
Hello
```

｜（パイプ）で複数のコマンドの入出力をつなげることができます。この例では、echo hello と sed s/h/H の2つのコマンドをつなげています。

echo hello の実行結果の「hello」を sed s/h/H の入力にしています。sed s/h/H は 小文字 h を大文字 H に置き換えるコマンドです。

結果、「hello」は「Hello」に置換されて出力されます。

6.2. 3 grepコマンドで特定の行を出力してみよう

パイプとよく組み合わせて使われているのが grep です。入力から検索してマッチした行を出力します。

例えば、3章で出てきた /etc/passwd ファイルから特定のユーザーアカウントの情報だけ出力したいときなどに便利です。

```
$ cat /etc/passwd | grep ssm-user
ssm-user:x:1001:1001::/home/ssm-user:/bin/bash
```

ssm-user の行だけを /etc/passwd ファイルから出力しました。

では、s から始まるユーザーだけを出力したいという場合はどうするでしょうか。正規表現を使用します。

```
$ cat /etc/passwd | grep ^s
sync:x:5:0:sync:/sbin:/bin/sync
shutdown:x:6:0:shutdown:/sbin:/sbin/shutdown
systemd-network:x:192:192:systemd Network Management:/:/sbin/nologin
sshd:x:74:74:Privilege-separated SSH:/var/empty/sshd:/sbin/nologin
ssm-user:x:1001:1001::/home/ssm-user:/bin/bash
```

^s というのが s から始まるということを意味しています。

grepで使用できる正規表現は次のものがあります。

- . 任意の文字に一致。
- ^ 行の先頭。
- $ 行の末尾。
- * 直前の文字が0回以上の繰り返しに一致。
- ? 直前の文字が0回または1回の繰り返しに一致。
- + 直前の文字が1回以上の繰り返しに一致。
- [] []内の文字グループと一致、-で範囲指定、最初が^はそれ以外。

6.3 変数を使ってみよう

値を格納し再利用したり、システムが参照する値として変数があります。変数には**シェル変数**と**環境変数**があります。

シェル変数は、変数を定義したプロセスのみで有効です。

環境変数は、変数を定義したシェルで実行されるプログラム上でも有効です。

6.3.1 シェル変数

シェル変数を設定するときは「=」で変数と値をつなぎます。

```
変数=値
```

変数の参照は、シェル変数も環境変数も、「$」を頭につけます。

例えば**echo**コマンドでターミナルに出力して確認するときは次のコマンドです。

```
$ echo $変数
```

変数を削除するときは、**unset**コマンドを使います。

```
$ unset 変数
```

mynameという変数に値を設定して、参照して、削除する例です。

```
$ mylastname=yamashita
$ echo $mylastname
yamashita
$ unset mylastname
```

6.3.2 環境変数

環境変数を設定するときは、**export**コマンドを使います。

```
$ export myfirstname=mitsuhiro
$ echo $myfirstname
mitsuhiro
$ unset myfirstname
```

シェル変数と環境変数のスコープ(範囲)の違いを確認するために、設定後に新たなシェルを起動して、参照する例です。

```
$ mylastname=yamashita
$ export myfirstname=mitsuhiro
$ echo $mylastname $myfirstname
yamashita mitsuhiro

$ sh
$ echo $mylastname $myfirstname
mitsuhiro

$ exit
exit
$ echo $mylastname $myfirstname
yamashita mitsuhiro
```

新たに起動したシェルでは、シェル変数の$mylastnameが出力されずに環境変数$myfirstnameのみが出力されました。

これは元のプロセススコープのみ有効な変数であるためです。exitコマンドで元のプロセスに戻ると、シェル変数も出力されました。

> 変数を再利用して便利に使いこなそう！

98

6.3. 3 printenvで環境変数を確認してみよう

現在設定されている環境変数は、printenvコマンドで確認できます。

```
$ printenv

myfirstname=mitsuhiro
TERM=xterm-256color
PATH=/usr/local/sbin:/usr/local/bin:/usr/sbin:/usr/bin
PWD=/usr/bin
LANG=en_US.UTF-8
SHLVL=1
HOME=/home/ssm-user
_=/usr/bin/printenv
```

コマンドやプログラムの検索先が、PATHという環境変数に設定されています。

プログラムインストール後に、実行エラーになるときなどは、PATH環境変数が適切に設定されているか確認することがあります。

6.3. 4 setで変数を確認してみよう

現在設定されている環境変数とシェル変数は、setコマンドで確認できます。

```
$ set

BASH=/usr/bin/sh
BASHOPTS=cmdhist:expand_aliases:extquote:force_fignore:hostcomplete:interactive_comments:progcomp:promptvars:sourcepath
BASH_ALIASES=()
BASH_ARGC=()
BASH_ARGV=()
BASH_CMDS=()
BASH_LINENO=()
BASH_SOURCE=()
BASH_VERSINFO=([0]="4" [1]="2" [2]="46" [3]="2" [4]="release" [5]="x86_64-koji-linux-gnu")
BASH_VERSION='4.2.46(2)-release'
COLUMNS=211
DIRSTACK=()
EUID=1001
GROUPS=()
HISTFILE=/home/ssm-user/.bash_history
HISTFILESIZE=500
HISTSIZE=500
HOME=/home/ssm-user
```

```
HOSTNAME=ip-172-31-45-84.ap-northeast-1.compute.internal
HOSTTYPE=x86_64
IFS='
'
LANG=en_US.UTF-8
LINES=55
MACHTYPE=x86_64-koji-linux-gnu
MAILCHECK=60
OLDPWD=/home
OPTERR=1
OPTIND=1
OSTYPE=linux-gnu
PATH=/usr/local/sbin:/usr/local/bin:/usr/sbin:/usr/bin
PIPESTATUS=([0]="0")
POSIXLY_CORRECT=y
PPID=8224
PS1='\s-\v\$ '
PS2='> '
PS4='+ '
PWD=/home/ssm-user/work
SHELL=/bin/bash
SHELLOPTS=braceexpand:emacs:hashall:histexpand:history:interactive-comments:monitor:posix
SHLVL=1
TERM=xterm-256color
UID=1001
```

6.3. 5 変数と引用符を組み合わせてみよう

　変数と引用符を組み合わせる際に、シングルクォーテーションを使うか、ダブルクォーテーションを使うかによって、出力が異なります。

シングルクォーテーションは、変数も文字列として扱います。

```
$ echo 'ホスト名は $HOSTNAME です'
ホスト名は $HOSTNAME です
```

ダブルクオーテーションは、変数の値を出力します。

```
$ echo "ホスト名は $HOSTNAME です"
ホスト名は ip-172-31-45-84.ap-northeast-1.compute.internal です
```

ダブルクォーテーション内で、変数名を使用したい場合は、エスケープ文字のバックスラッシュを使用します。

```
$ echo "ホスト名\$HOSTNAME は $HOSTNAME です"
ホスト名 $HOSTNAME は ip-172-31-45-84.ap-northeast-1.compute.internal です
```

ダブルクォーテーション内で、コマンドの実行結果を出力したい場合は、$() 内にコマンドを書きます。

```
$ echo "私は$(whoami)です"
私はssm-userです
```

 ## 6.4 シェルのオプションを使ってみよう

シェルにはオプションの機能があります。現在の設定は、set -o コマンドで確認できます。

```
$ set -o

allexport       off
braceexpand     on
emacs           on
errexit         off
errtrace        off
functrace       off
hashall         on
histexpand      on
history         on
ignoreeof       off
interactive-comments    on
keyword         off
monitor         on
noclobber       off
noexec          off
noglob          off
nolog           off
notify          off
nounset         off
onecmd          off
physical        off
pipefail        off
posix           on
privileged      off
verbose         off
vi              off
xtrace          off
```

on が有効で、off が無効です。

有効にするときは、set -o コマンドにオプション名を付けて実行します。

無効にするときは、set +o コマンドにオプション名を付けて実行します。

```
$ set -o allexport

$ set -o | grep allexport
allexport       on

$ set +o allexport

$ set -o | grep allexport
allexport       off
```

コマンド	操作内容
allexport	作成、変更した変数を自動的にエクスポートします。

braceexpand	{} で囲んだ部分を複数の単語に展開するブレース展開を有効にします。例えば a{1,2,3} は a1, a2, a3 に展開されて出力されます。
	
	`$ echo a{1,2,3}`
	`a1 a2 a3`
	
	`$ set +o braceexpand`
	
	`$  echo a{1,2,3}`
	`a{1,2,3}`

emacs	作成、変更した変数を自動的にエクスポートします。

errexit	エラーが発生したら即終了します。有効にするとエラー発生時にターミナルが終了します。
	
	`$ set -o errexit`
	
	`$ err`
	`sh: err: command not found`

errtrace	エラーをトレースします。
functrace	デバッグをトレースします。
hashall	コマンドのパスをすべて記憶します。
histexpand	!番号による履歴の参照を行います。
history	コマンド履歴を有効にします。
ignoreeof	Ctrl + D で終了しないようにします。
interactive-comments	# 以降をコメントとして扱います。
keyword	キーワードとなる引数をコマンドに対しての環境変数として渡します。
monitor	監視モードとしてバックグラウンドジョブの結果を表示します。
noclobber	リダイレクトで既存ファイルを上書きしません。

コマンド	操作内容
noexec	コマンド読み込みのみを行い実行しません。シェルスクリプトなどを作成したときに、文法のチェックをするために使用します。対話形式のシェルには影響しません。
noglob	「*」や「?」によるファイル名展開を無効にします。
nolog	履歴に関数定義を記録しません。
notify	終了したバックグラウンドジョブの結果をすぐに表示します。
nounset	パラメーター展開中に設定していない変数があったらエラーにします。
onecmd	コマンドを1回実行して終了します。
physical	シンボリックリンクを使用せずに、物理的なパスを使用します。
pipefail	パイプライン付きのコマンド実行で、1つのコマンドにエラーがあった場合、最後のエラー値を返り値にします。
posix	POSIX準拠になるように動作を変更します。
privileged	特権モードで関数や変数を継承しません。
verbose	入力行を表示します。
vi	vi風の形式にします。

xtrace	実行したコマンドと引数を出力します。
	
	`$ pwd`
	`/usr/bin`
	
	`$ set -o xtrace`
	
	`$ pwd`
	`+ pwd`
	`/usr/bin`

 ## 6.5 よく使うコマンドを定義しておこう

6.5.1 alias（エイリアス）でコマンドに別名をつけよう

alias（エイリアス）コマンドでコマンドに別名をつけることができます。よく使うコマンドを設定しておくことがあります。例えば、ls -lコマンドはよく使いますので、llと言う名前で設定しておくと便利です。

```
$ alias ll='ls -l'

$ ll

total 2
-rw-r--r-- 1 ssm-user ssm-user  12 Mar  9 02:01 hello.txt
-rw------- 1 ssm-user ssm-user   0 Mar 12 00:23 nohup.out
```

解除するときは、unalias コマンドを実行します。

```
$ unalias ll

$ ll
sh: ll: command not found
```

6.5. 2 function（関数）でコマンドをひとまとめにしよう

複数行のよく使うコマンドをまとめておくには、functionコマンドが便利です。書式は function 関数名() { コマンド ; } です。{ の後ろと } の前には半角スペースが必要です。

例えばHelloと書かれた test.txtをコピーして、Worldと追記し、ファイルの内容を表示するコマンドをcpadd という関数名で定義します。

```
$ function cpadd() { \
cp test.txt testcp.txt; \
echo 'World' >> testcp.txt; \
cat testcp.txt;
}
```

実行します。

```
$ cpadd
Hello
World
```

関数の定義を解除するときは、unsetコマンドを実行します。

```
$ unset cpadd

$ cpadd
sh: cpadd: command not found
```

よく使うコマンドはエイリアス、
関数で便利に使おう！

6.5.3 自動定義するにはbash設定ファイル

変数や関数の有効範囲は、実行中のシェルのみです。毎回毎回ログインするたびに定義するのは面倒ですので、自動定義できるようにbash設定ファイルに設定しておきます。

Amazon Linux2にすでにある設定ファイルは下記です。

/etcディレクトリにある設定ファイルは全ユーザーに影響しますので、ssm-userのホームディレクトリ /home/ssm-userにあるbash設定ファイルで設定します。

ここでは、/etcディレクトリにある、bash設定ファイルもcatコマンドで内容を確認します。

/etc/profile

ログイン時にすべてのユーザーから実行される。

```
$ sudo cat /etc/profile

# /etc/profile

# System wide environment and startup programs, for login setup
# Functions and aliases go in /etc/bashrc

# It's NOT a good idea to change this file unless you know what you
# are doing. It's much better to create a custom.sh shell script in
# /etc/profile.d/ to make custom changes to your environment, as this
# will prevent the need for merging in future updates.

pathmunge () {
    case ":${PATH}:" in
        *:"$1":*)
            ;;
        *)
            if [ "$2" = "after" ] ; then
                PATH=$PATH:$1
            else
                PATH=$1:$PATH
            fi
    esac
}


if [ -x /usr/bin/id ]; then
    if [ -z "$EUID" ]; then
        # ksh workaround
        EUID=`/usr/bin/id -u`
        UID=`/usr/bin/id -ru`
    fi
    USER="`/usr/bin/id -un`"
```

```
    LOGNAME=$USER
    MAIL="/var/spool/mail/$USER"
fi

# Path manipulation
if [ "$EUID" = "0" ]; then
    pathmunge /usr/sbin
    pathmunge /usr/local/sbin
else
    pathmunge /usr/local/sbin after
    pathmunge /usr/sbin after
fi

HOSTNAME=`/usr/bin/hostname 2>/dev/null`
HISTSIZE=1000
if [ "$HISTCONTROL" = "ignorespace" ] ; then
    export HISTCONTROL=ignoreboth
else
    export HISTCONTROL=ignoredups
fi

export PATH USER LOGNAME MAIL HOSTNAME HISTSIZE HISTCONTROL

# By default, we want umask to get set. This sets it for login shell
# Current threshold for system reserved uid/gids is 200
# You could check uidgid reservation validity in
# /usr/share/doc/setup-*/uidgid file
if [ $UID -gt 199 ] && [ "`/usr/bin/id -gn`" = "`/usr/bin/id -un`" ]; then
    umask 002
else
    umask 022
fi

for i in /etc/profile.d/*.sh /etc/profile.d/sh.local ; do
    if [ -r "$i" ]; then
        if [ "${-#*i}" != "$-" ]; then
            . "$i"
        else
            . "$i" >/dev/null
        fi
    fi
done

unset i
unset -f pathmunge
```

pathmungeという関数を定義して、PATH環境変数を設定して、最後にはpathmungeの定義を削除しています。

/etc/bashrc

ユーザーのbashrc(bash起動時に実行)から実行されます。

```
$ sudo cat /etc/bashrc

# /etc/bashrc

# System wide functions and aliases
# Environment stuff goes in /etc/profile

# It's NOT a good idea to change this file unless you know what you
# are doing. It's much better to create a custom.sh shell script in
# /etc/profile.d/ to make custom changes to your environment, as this
# will prevent the need for merging in future updates.

# are we an interactive shell?
if [ "$PS1" ]; then
  if [ -z "$PROMPT_COMMAND" ]; then
    case $TERM in
    xterm*|vte*)
      if [ -e /etc/sysconfig/bash-prompt-xterm ]; then
          PROMPT_COMMAND=/etc/sysconfig/bash-prompt-xterm
      elif [ "${VTE_VERSION:-0}" -ge 3405 ]; then
          PROMPT_COMMAND="__vte_prompt_command"
      else
          PROMPT_COMMAND='printf "\033]0;%s@%s:%s\007" "${USER}" "${HOSTNAME%%.*}" "${PWD/#$HOME/~}"'
      fi
      ;;
    screen*)
      if [ -e /etc/sysconfig/bash-prompt-screen ]; then
          PROMPT_COMMAND=/etc/sysconfig/bash-prompt-screen
      else
          PROMPT_COMMAND='printf "\033k%s@%s:%s\033\\" "${USER}" "${HOSTNAME%%.*}" "${PWD/#$HOME/~}"'
      fi
      ;;
    *)
      [ -e /etc/sysconfig/bash-prompt-default ] && PROMPT_COMMAND=/etc/sysconfig/bash-prompt-default
      ;;
    esac
  fi
# Turn on parallel history
shopt -s histappend
history -a
# Turn on checkwinsize
shopt -s checkwinsize
[ "$PS1" = "\\s-\\v\\\$ " ] && PS1="[\u@\h \W]\\$ "
# You might want to have e.g. tty in prompt (e.g. more virtual machines)
```

```
  # and console windows
  # If you want to do so, just add e.g.
  # if [ "$PS1" ]; then
  #   PS1="[\u@\h:\l \W]\\$ "
  # fi
  # to your custom modification shell script in /etc/profile.d/ directory
fi


if ! shopt -q login_shell ; then # We're not a login shell
    # Need to redefine pathmunge, it get's undefined at the end of /etc/profile
    pathmunge () {
        case ":${PATH}:" in
            *:"$1":*)
                ;;
            *)
                if [ "$2" = "after" ] ; then
                    PATH=$PATH:$1
                else
                    PATH=$1:$PATH
                fi
        esac
    }

    # By default, we want umask to get set. This sets it for non-login shell.
    # Current threshold for system reserved uid/gids is 200
    # You could check uidgid reservation validity in
    # /usr/share/doc/setup-*/uidgid file
    if [ $UID -gt 199 ] && [ "`/usr/bin/id -gn`" = "`/usr/bin/id -un`" ]; then
        umask 002
    else
        umask 022
    fi

    SHELL=/bin/bash
    # Only display echos from profile.d scripts if we are no login shell
    # and interactive - otherwise just process them to set envvars
    for i in /etc/profile.d/*.sh; do
        if [ -r "$i" ]; then
            if [ "$PS1" ]; then
                . "$i"
            else
                . "$i" >/dev/null
            fi
        fi
    done

    unset i
    unset -f pathmunge
```

```
fi
# vim:ts=4:sw=4
```

~/.bash_profile

ログイン時に実行されるユーザー専用の設定です。

```
$ cat ~/.bash_profile

# .bash_profile

# Get the aliases and functions
if [ -f ~/.bashrc ]; then
        . ~/.bashrc
fi

# User specific environment and startup programs

PATH=$PATH:$HOME/.local/bin:$HOME/bin

export PATH
```

~/.bashrcを実行しています。

~/.bashrc

bash起動時に実行されるユーザー専用の設定です。

```
$ cat ~/.bashrc

# .bashrc

# Source global definitions
if [ -f /etc/bashrc ]; then
        . /etc/bashrc
fi

# Uncomment the following line if you don't like systemctl's auto-paging feature:
# export SYSTEMD_PAGER=

# User specific aliases and functions
```

共通設定の/etc/bashrcを実行しています。

~/.bash_logout

ログアウト時に実行されます。

```
$ cat .bash_logout
# ~/.bash_logout
```

何も設定されていません。

bashrcへエイリアスを設定してみよう

第8章で解説するvimエディタなどを使用して、~/.bashrcにエイリアスを追記します。
「# User specific aliases and functions」の下に追記します。

```
# .bashrc

# Source global definitions
if [ -f /etc/bashrc ]; then
        . /etc/bashrc
fi

# Uncomment the following line if you don't like systemctl's auto-paging feature:
# export SYSTEMD_PAGER=

# User specific aliases and functions
alias ll='ls -l'
```

bashを起動して実行します。

```
$ bash
[ssm-user@ip-172-31-45-84 ~]$ ll
total 2
-rw-r--r-- 1 ssm-user ssm-user   12 Mar  9 02:01 hello.txt
-rw------- 1 ssm-user ssm-user    0 Mar 12 00:23 nohup.out
```

ターミナルを自分専用にカスタマイズして便利に使おう！

Chapter

7

ファイルを
操作してみよう

ファイルを操作してみよう

Chapter. 7

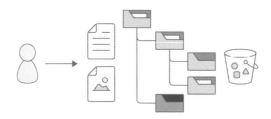

　この章では、Amazon Linux 2サーバーを構成しているファイルとディレクトリ構造と、その操作を行うコマンドについて実行します。

　そして、AWSの**Amazon Simple Storage Service（S3）**というサービスについてもコマンド操作をやってみましょう。

ディレクトリを操作してみよう

7.1. 1 ディレクトリってどんなもの？

・・・

　ディレクトリは、Windowsにおけるフォルダと認識しておいていいでしょう。Amazon Linux 2のディレクトリがどのような構造になっているのかを確認しましょう。

　これまでと同様に、Systems Managerセッションマネージャでターミナルに接続します。

Linuxでは主にコマンドでディレクトリを操作します！

7.1. 2 現在のディレクトリを確認してみましょう

・・・

　まず、今どのディレクトリにいるのかを確認しましょう。今いるディレクトリは、pwdコマンドで確認できます。

```
$ pwd
/usr/bin
```

/usr/binというディレクトリにいることがわかりました。

　pwdコマンドは マニュアルを確認すると、print name of current/working directoryという意味を持つコマンドということが分かります。

　現在のワーキングディレクトリの名前を表示するコマンドです。

7.1.3 現在のディレクトリを移動してみましょう

では次に、トップのディレクトリに移動します。cdコマンドを使用します。

```
$ cd /
```

cdコマンドは、manコマンドでマニュアルを見ると、Change the current directory ですので、現在のディレクトリを変更する = 移動する、ということですね。

/ から指定して絶対パスとしてディレクトリを指定することもできますし、現在いるディレクトリから相対パスとして指定することもできます。

絶対パスは、例えば最初にいたディレクトリに移動したい場合は次のようになります。

```
$ cd /usr/bin
```

移動できたかどうか確認してみましょう。

```
$ pwd
/usr/bin
```

移動できています。別のディレクトリにも移動してみましょう。

```
$ cd /var
$ pwd
/var
```

次に相対パスで移動してみましょう。/varディレクトリの中には様々なディレクトリがさらにあります。
そのうちの1つの /var/opt に移動してみましょう。

```
$ cd opt
$ pwd
/var/opt
```

トップレベルのディレクトリから指定しなくても、相対パスで移動できました。現在のディレクトリを省略して指定しましたが、上記と同じ結果を現在のディレクトリを指定して移動することもできます。

もう一度、/varディレクトリに移動してから試してみましょう。

```
$ cd /var
$ cd ./opt
$ pwd
/var/opt
```

. が現在のディレクトリを表しています。

.. というように、. を2回連続で指定することで、1つ上の階層へ移動します。やってみましょう。

```
$ cd ..
$ pwd
/var
```

7.1.4 ディレクトリ内のリストを表示してみましょう

ディレクトリにあるディレクトリやファイルの一覧を確認するコマンドがlsです。

/varディレクトリにあるディレクトリとファイルの一覧を見てみましょう。

```
$ cd /var
$ ls
account  adm  cache  db  empty  games  gopher  kerberos  lib  local  lock  log
mail  nis  opt  preserve  run  spool  tmp  yp
```

accountからypまで名前が表示されました。

lsコマンドはmanコマンドで確認すると、list directory contentsですので、ファイルやディレクトリをリスト（一覧）で表示するということです。ですが、この出力結果を見ても、名前が出力されているだけで、これがファイルなのかディレクトリなのかもわからないです。

コマンドには、追加の便利な機能として、**オプション**があります。lsコマンドのオプションをいくつか解説します。

オプションは入力方法の違いで、ショートオプションとロングオプションがあり、どちらで実行しても結果は同じです。

何をしているのかを分かりやすくするためにロングオプションを使うこともありますが、コマンド全体を短くするために、本書では主にショートオプションを使用します。

```
$ ls -a
.    .updated  adm     db      games    kerberos  local   log    nis  preserve  spool  yp
..   account   cache   empty   gopher   lib               lock   mail  opt  run        tmp
```

　先ほどは表示されなかった、[.][..][.updated] が表示されました。これは -a というオプションをつけたことにより表示されています。-a は [.] で始まるディレクトリやファイルを無視しないというオプションです。

　全部表示するという意味ですので、ロングオプションでは、--all です。ロングオプションのときは、ハイフンを2つ書きます。

```
$ ls -all
 spool  yp
..  account   cache  empty  gopher  lib      lock   mail  opt  run      tmp
```

　オプションは大文字、小文字を区別します。-A を実行してみるとまた少し動きが変わります。

```
$ ls -A
.updated  account  adm  cache  db  empty  games  gopher  kerberos  lib  local  \
lock  log  mail  nis  opt  preserve  run  spool  tmp  yp
```

　-A は [.][..] を含まないオプションです。続いて、他によく使用される ls のオプションを解説します。

-F, --file-type
種類を表示します。後ろに [/] がついているのが、ディレクトリです。
後ろに [@] がついているのは、シンボリックリンクです。Windows におけるショートカットのようなものです。
/var ディレクトリで実行してみましょう。

```
$ ls -F
account/   cache/   empty/   gopher/    lib/    lock@  mail@  opt/       run@    tmp/
adm/       db/      games/   kerberos/  local/  log/   nis/   preserve/  spool/  yp/
```

-l
詳細情報を表示します。非常によく使用するオプションです。まずは、実行してみましょう。

```
$ ls -l
total 8
drwxr-xr-x  2 root root   19 Nov 18 22:59 account
drwxr-xr-x  2 root root    6 Apr  9  2019 adm
drwxr-xr-x  6 root root   63 Nov 18 22:59 cache
drwxr-xr-x  3 root root   18 Nov 18 22:58 db
drwxr-xr-x  3 root root   18 Nov 18 22:58 empty
drwxr-xr-x  2 root root    6 Apr  9  2019 games
drwxr-xr-x  2 root root    6 Apr  9  2019 gopher
drwxr-xr-x  3 root root   18 Nov 18 22:58 kerberos
drwxr-xr-x 29 root root 4096 Nov 18 22:59 lib
```

```
drwxr-xr-x  2 root root     6 Apr  9  2019 local
lrwxrwxrwx  1 root root    11 Nov 18 22:58 lock -> ../run/lock
drwxr-xr-x  7 root root  4096 Nov 29 03:16 log
lrwxrwxrwx  1 root root    10 Nov 18 22:58 mail -> spool/mail
drwxr-xr-x  2 root root     6 Apr  9  2019 nis
drwxr-xr-x  2 root root     6 Apr  9  2019 opt
drwxr-xr-x  2 root root     6 Apr  9  2019 preserve
lrwxrwxrwx  1 root root     6 Nov 18 22:57 run -> ../run
drwxr-xr-x  9 root root    97 Nov 18 22:59 spool
drwxrwxrwt  3 root root    85 Nov 26 12:48 tmp
drwxr-xr-x  2 root root     6 Apr  9  2019 yp
```

最初の1文字が [d] がディレクトリ、[-] が通常のファイル、[l] はシンボリックリンクです。

次の [rwxr-xr-x] はパーミッションというものを表示していて、このディレクトリやファイルに対して、誰が何ができるのか、アクセス許可権限を表示しています。後の章のパーミッションで解説します。

次の数字はリンク数です。

[root] は所有ユーザー名とグループ名を表しています。1つ目がユーザー名で、2つ目がグループ名です。

次の数字はファイルサイズ、そしてタイムスタンプ、名前と続きます。

特にパーミッション、ファイルの所有者は確認することがよくあります。

では、すべてのファイルを詳細と種類をあわせて表示する、つまり複数オプションを指定するのは、どうするのでしょうか?

複数オプションはまとめて指定ができます。

```
$ ls -lAF
total 12
-rw-r--r--  1 root root   163 Nov 18 22:58 .updated
drwxr-xr-x  2 root root    19 Nov 18 22:59 account/
drwxr-xr-x  2 root root     6 Apr  9  2019 adm/
drwxr-xr-x  6 root root    63 Nov 18 22:59 cache/
drwxr-xr-x  3 root root    18 Nov 18 22:58 db/drwxr-xr-x  3 root root    18 Nov 18 22:58 empty/
drwxr-xr-x  2 root root     6 Apr  9  2019 games/
drwxr-xr-x  2 root root     6 Apr  9  2019 gopher/
drwxr-xr-x  3 root root    18 Nov 18 22:58 kerberos/
drwxr-xr-x 29 root root  4096 Nov 18 22:59 lib/
drwxr-xr-x  2 root root     6 Apr  9  2019 local/
lrwxrwxrwx  1 root root    11 Nov 18 22:58 lock -> ../run/lock
drwxr-xr-x  7 root root  4096 Nov 29 03:16 log/
lrwxrwxrwx  1 root root    10 Nov 18 22:58 mail -> spool/mail/
drwxr-xr-x  2 root root     6 Apr  9  2019 nis/
drwxr-xr-x  2 root root     6 Apr  9  2019 opt/
drwxr-xr-x  2 root root     6 Apr  9  2019 preserve/
lrwxrwxrwx  1 root root     6 Nov 18 22:57 run -> ../run/
drwxr-xr-x  9 root root    97 Nov 18 22:59 spool/
```

```
drwxrwxrwt  3 root root   85 Nov 26 12:48 tmp/
drwxr-xr-x  2 root root    6 Apr  9  2019 yp/
```

次のように分けて実行しても結果は同じですが、まとめたほうが簡単に実行できます。

```
$ ls -l -A -F
```

コマンドにはオプションとは別に引数を指定できます。lsコマンドでは、引数のディレクトリを指定せずに実行すると、現在のディレクトリ直下のリストを表示しています。

トップのディレクトリを指定してみましょう。

```
$ ls -lAF /
total 16
-rw-r--r--  1 root root    0 Nov 26 12:47 .autorelabel
lrwxrwxrwx  1 root root    7 Nov 18 22:58 bin -> usr/bin/
dr-xr-xr-x  4 root root 4096 Nov 18 22:59 boot/
drwxr-xr-x 15 root root 2820 Nov 26 12:47 dev/
drwxr-xr-x 80 root root 8192 Nov 29 14:08 etc/
drwxr-xr-x  4 root root   38 Nov 29 14:08 home/
lrwxrwxrwx  1 root root    7 Nov 18 22:58 lib -> usr/lib/
lrwxrwxrwx  1 root root    9 Nov 18 22:58 lib64 -> usr/lib64/
drwxr-xr-x  2 root root    6 Nov 18 22:57 local/
drwxr-xr-x  2 root root    6 Apr  9  2019 media/
drwxr-xr-x  2 root root    6 Apr  9  2019 mnt/
drwxr-xr-x  4 root root   27 Nov 18 22:59 opt/
dr-xr-xr-x 94 root root    0 Nov 26 12:47 proc/
dr-xr-x--- 3 root root  103 Nov 26 12:47 root/
drwxr-xr-x 27 root root  960 Nov 29 01:02 run/
lrwxrwxrwx  1 root root    8 Nov 18 22:58 sbin -> usr/sbin/
drwxr-xr-x  2 root root    6 Apr  9  2019 srv/
dr-xr-xr-x 13 root root    0 Nov 29 14:08 sys/
drwxrwxrwt  8 root root  172 Nov 29 03:16 tmp/
drwxr-xr-x 13 root root  155 Nov 18 22:58 usr/
drwxr-xr-x 19 root root  269 Nov 26 12:47 var/
```

引数として、[/] をつけてみました。Amazon Linux 2のディレクトリ一覧が表示されました。

ディレクトリ内のリストを表示するために、わざわざ現在のディレクトリをcdコマンドで変えなくても、引数に指定すれば確認できます。

各ディレクトリにはそれぞれ役割があります。

コマンド	操作内容
home	一般ユーザーが利用するファイル。Amazon Linux2 では ec2-user, ssm-user のディレクトリが用意されています。
/var	アプリケーションファイルやログファイルなど、更新、追加されるファイルが格納されます。アプリケーションログファイルなど肥大化する可能性もあるので、ログデータのライフサイクルにあわせていつまでこのディレクトリに保存しておくべきか設計します。
/usr	プログラム、ライブラリ、ドキュメントなどが配置されます。
/lib	よく使う機能をまとめたライブラリが配置されます。
/bin	基本的なコマンドが配置されます。
/sbin	システム管理に必要なコマンドが配置されます。
/etc	システムやインストールしたソフトウェアの設定ファイルが主に配置されます。
/dev	デバイスファイルが配置されます。
/proc	システム情報にアクセスするための仮想ファイルが見えます。
/mnt	ファイルシステムなどをマウントするときに使用します。
/opt	インストールしたプログラムが配置されます。
/root	ルートユーザーのホームディレクトリです。
/boot	起動に必要な設定やファイルが配置されます。
/tmp	コマンドの実行確認をする場合などに一時ディレクトリとして使用します。

7.1. 5 ディレクトリを作成してみましょう

新しいディレクトリを作成するときは、mkdirコマンドを使用します。manコマンドで見てみましょう。

```
$ man mkdir
```

NAMEのセクションに、[make directories] とあるように、ディレクトリを作成するコマンドです。
testという名前のディレクトリを作成してみましょう。

```
$ mkdir test
$ ls -lF
drwxr-xr-x 2 ssm-user ssm-user  6 Nov 29 23:49 test/
```

作成できました。

例えば、tmp/test/2019/10/01のように層が深いディレクトリを作成する必要がある場合もあります。これをこのまま作成しようとするとエラーになります。
testディレクトリに移動して確認してみましょう。

```
$ cd /tmp/test
$ mkdir 2019/10/01
mkdir: cannot create directory '2019/10/01': No such file or directory
```

途中のディレクトリがないので作成できません。次のように1つずつ作成しても作成できますが、面倒です。

```
$ mkdir 2019
$ mkdir 2019/10
$ mkdir 2019/10/01
```

この場合は -p, --parents オプションを使用します。

```
$ mkdir -p 2019/10/01
$ ls -R
.:
2019

./2019:
10

./2019/10:
01

./2019/10/01:
```

作成できました。ls コマンドの -R オプションは、多層になっているディレクトリを配下まで表示してくれるので、このようなケースで確認するのに便利です。

mkdir コマンドの -p オプションは、ディレクトリがすでにあればそのままですし、なければ作成してくれる便利なコマンドです。

```
$ mkdir -p 2019/10/02
$ ls -R
.:
2019

./2019:
10

./2019/10:
01   02

./2019/10/01:
```

Chapter.7 ／ ファイルを操作してみよう

```
./2019/10/02:
```

 ## 7.2 ファイルを操作してみよう

7.2.1 ファイルを作成してみましょう

次に空のファイルを作成してみましょう。ファイルの内容の編集は、次の章でやってみましょう。

/tmp/test ディレクトリで。touch コマンドを使ってやってみましょう。

```
$ cd /tmp/test
$ touch create-file
$ ls -lF
total 0
drwxr-xr-x 3 ssm-user ssm-user 16 Nov 29 23:56 2019/
-rw-r--r-- 1 ssm-user ssm-user  0 Nov 01 00:25 create-file
```

通常ファイルとして、create-fileができました。

manコマンドでtouchコマンドを見てみますと、change file timestampsとあります。

本来、touchコマンドは既存ファイルのタイムスタンプを更新するためのコマンドなのですが、空のファイルを作成することもできます。

7.2.2 ファイル、ディレクトリを削除するには

前項で作成したファイルやディレクトリを削除してみましょう。rmコマンドを実行します。

manコマンドで確認するとremove files or directoriesとあります。removeの略でrmです。

```
$ rm create-file
$ ls -F
2019/
```

create-fileを削除しました。

Windowsでは親切にも、一度ゴミ箱に移動して復旧することもできたり、ゴミ箱から削除するときに聞いてくれたりします。Linuxでは、基本的に聞いてくれません。

rmというコマンドを実行しているということは、削除したいから実行しているということです。念の為、削除前に確認が必要な場合は、-iオプションをつけて実行します。

```
$ touch file1
$ ls -F
2019/  file1
$ rm -i file1
rm: remove regular empty file 'file1'? y
$ ls -F
2019/
```

touchコマンドもそうですが、rmコマンドも複数まとめて実行できます。

```
$ touch file1 file2
$ ls -F
2019/  file1  file2
$ rm -i file1 file2
rm: remove regular empty file 'file1'? y
rm: remove regular empty file 'file2'? y
$ ls -F
2019/
```

2つのファイルをまとめて作成して、まとめて削除しています。
-iオプションで確認をすると、1ファイルずつ確認がされます。

削除対象をワイルドカードを使って指定してみましょう。

```
$ touch file1 file2
$ ls -F
2019/  file1  file2
$ rm -i file*
rm: remove regular empty file 'file1'? y
rm: remove regular empty file 'file2'? y
$ ls -F
2019/
```

[*]ワイルドカードを使用することで、file1とfile2をまとめて指定できています。

では、ディレクトリの削除はどうでしょうか?
やってみましょう。

```
$ ls -F
2019/
$ rm 2019/
rm: cannot remove '2019/': Is a directory
```

```
$ rm 2019
rm: cannot remove '2019': Is a directory
$ rm -d 2019
rm: cannot remove '2019': Directory not empty
```

　rmコマンドでは、ディレクトリの削除ができません。オプションにディレクトリを指定する-dがあるので実行してみると、ディレクトリが空じゃないので削除できない、となります。
　-dオプションは空のディレクトリを削除するオプションです。
　同じようなコマンドで、rmdirがあります。これも空のディレクトリを削除するためのコマンドです。

　ここでは、lsコマンドにも出てきた、-R, --recursiveオプションを使用します。
　rmコマンドの場合は小文字-rでもOKです。ロングオプションのrecursiveは［再帰的］という意味です。
　-iオプションも使用して、削除対象を確認してみます。

```
$ rm -ri 2019
rm: descend into directory '2019'? y
rm: descend into directory '2019/10'? y
rm: remove directory '2019/10/01'? y
rm: remove directory '2019/10/02'? y
rm: remove directory '2019/10'? y
rm: remove directory '2019'? y
```

　ディレクトリの中を再帰的に下るか、確認があって、1つ1つのディレクトリを削除するか確認がされて、削除されました。ディレクトリ内にファイルがある場合も同じようになります。

　ちなみに、rm -rをトップディレクトリに対して、スーパーユーザーで実行すると、オペレーティングシステムに必要なファイルも削除されます。物理的なサーバーでこのような操作を行うことはもちろんご法度ですし、本番環境のサーバーでは絶対に行ってはいけません。
　今、触っているAmazon Linux 2は検証用に起動したサーバーです。EC2インスタンスは、検証向けに何度でもやり直せるので、失敗してみることがやりやすいです。
　もしも、興味がある方は、今触っているサーバーが、本書の検証用に作成したEC2インスタンスであることを、ちゃんと確認した上で、オペレーティングシステムを壊してみて、どんな状態になるのかを確認してみるのもいいかもしれません。
　今のEC2インスタンスを残しておきたい場合は、新しいEC2インスタンスを起動してみて試してみるのもいいかもしれません。
　-fオプションはエラーメッセージを表示しないオプションです。

```
$ sudo rm -rf /
rm: it is dangerous to operate recursively on '/'
rm: use --no-preserve-root to override this failsafe
```

危険な操作、ということで止められました。どうしてもやる、という場合は、以下コマンドで実行してみます。

```
$ sudo rm --no-preserve-root -rf /
```

7.2.3 ファイル、ディレクトリをコピーしてみよう

ファイルのコピーや、ディレクトリをまるごとコピーする操作もよくあります。

何らかのソフトウェアをインストールしたあとに、そのソフトウェアの設定ファイルをサンプルファイルを残したまま設定をする場合や、操作をする前にバックアップとしてコピーを作成してから操作を行うなどがあります。

セッションマネージャで接続したときに使用しているユーザー、ssm-user のホームディレクトリと、tmp ディレクトリ間でのコピーを実行してみましょう。

まず、ホームディレクトリへ移動します。

ログインしているユーザーのホームディレクトリへ移動するときは、cd コマンドを引数なしで実行します。

```
$ cd
$ pwd
/home/ssm-user
```

コピー元の検証用ディレクトリとして、src ディレクトリを作成します。

コピー対象のファイルを touch コマンドで作成します。

```
$ mkdir src
$ cd src
$ touch copy-file
```

tmp ディレクトリに、dst ディレクトリを作成します。

```
$ mkdir /tmp/dst
```

copy-file を src ディレクトリから、dst ディレクトリにコピーします。

```
$ cp copy-file /tmp/dst/
$ ls -lF /tmp/dst
total 0
-rw-r--r-- 1 ssm-user ssm-user 0 Nov 01 02:24 copy-file
```

Chapter.7 / ファイルを操作してみよう

123

コピーが完了しました。確認オプションの -i は、上書きが発生するときに確認してくれます。

```
$ touch copy-file2
$ cp -i copy-file* /tmp/dst/
cp: overwrite '/tmp/dst/copy-file'? y
$ ls -lF /tmp/dst
total 0
-rw-r--r-- 1 ssm-user ssm-user 0 Nov 01 02:28 copy-file
-rw-r--r-- 1 ssm-user ssm-user 0 Nov 01 02:28 copy-file2
```

コピー先の名前を指定してコピーすることもできます。同じディレクトリ内にコピーするときによく使います。

```
$ cp copy-file copy-file.org
$ ls -lF

total 0
-rw-r--r-- 1 ssm-user ssm-user 0 Nov 01 02:24 copy-file
-rw-r--r-- 1 ssm-user ssm-user 0 Nov 01 02:31 copy-file.org
```

次はディレクトリのコピーを行ってみます。コピー元のディレクトリを作成します。

```
$ mkdir cpdir
$ touch cpdir/dir-file1 cpdir/dir-file2
```

ディレクトリをコピーするときは、-r オプションで cp コマンドを実行します。

```
$ cp -r cpdir /tmp/dst/
$ ls -lF /tmp/dst/cpdir
total 0
-rw-r--r-- 1 ssm-user ssm-user 0 Nov 01 02:37 dir-file1
-rw-r--r-- 1 ssm-user ssm-user 0 Nov 01 02:37 dir-file2
```

コピーが完了しました。ファイルのときと同様にディレクトリ名を指定してコピーすることもできます。

```
$ cp -r cpdir cpdir2
$ ls -lF cpdir2
total 0
-rw-r--r-- 1 ssm-user ssm-user 0 Nov 01 02:37 dir-file1
-rw-r--r-- 1 ssm-user ssm-user 0 Nov 01 02:37 dir-file2
```

7.2. 4 ファイル、ディレクトリを移動してみよう

前項ではコピーでしたが、移動することもあります。移動にはmvコマンドを実行します。

コピーのときと同じssm-userのホームディレクトリのsrcディレクトリと、/tmp/dstを使用します。コピーで作成したディレクトリとファイルがじゃまな場合は削除します。

```
$ rm -r ~/src/*
$ rm -r /tmp/dst/*
```

[~] は今ログインしているユーザーのホームディレクトリを指します。

```
$ touch ~/src/mv-file1
$ mv ~/src/mv-file1 /tmp/dst/
$ ls -lF ~/src/
total 0
$ ls -lF /tmp/dst/
total 0
-rw-r--r-- 1 ssm-user ssm-user 0 Nov 01 02:57 mv-file1
```

移動できました。移動先の名前を指定することもできます。

```
$ touch ~/src/mv-file2
$ mv ~/src/mv-file2 /tmp/dst/rename-file2
$ ls -lF ~/src/
total 0
$ ls -lF /tmp/dst/
total 0
-rw-r--r-- 1 ssm-user ssm-user 0 Nov 01 03:00 rename-file2
```

-iオプションはcpコマンド同様に上書き確認がされます。

```
$ touch ~/src/mv-file1 ~/src/mv-file2
$ mv -i ~/src/* /tmp/dst/
mv: overwrite '/tmp/dst/mv-file1'? y
$ ls -lF /tmp/dst
total 0
-rw-r--r-- 1 ssm-user ssm-user 0 Nov 01 03:03 mv-file1
-rw-r--r-- 1 ssm-user ssm-user 0 Nov 01 03:03 mv-file2
-rw-r--r-- 1 ssm-user ssm-user 0 Nov 01 03:00 rename-file2
```

Chapter.7 / ファイルを操作してみよう

次はディレクトリの移動を行ってみます。移動元のディレクトリとファイルを作成します。

```
$ mkdir ~/src/mvdir
$ touch ~/src/mvdir/dir-file1 ~/src/mvdir/dir-file2
```

ディレクトリを移動するときは、cpコマンドとは違い、-rオプションはいりません。
-rオプションなしでディレクトリを指定して、mvコマンドを実行します。

```
$ mv ~/src/mvdir /tmp/dst/
$ ls -lF /tmp/dst/mvdir
total 0
-rw-r--r-- 1 ssm-user ssm-user 0 Nov 01 03:06 dir-file1
-rw-r--r-- 1 ssm-user ssm-user 0 Nov 01 03:06 dir-file2
```

ディレクトリの移動が完了しました。

7.2. 5 ファイルを検索するには

前ファイルを検索したい場合があります。findコマンドでLinuxサーバー内のファイルを探すことができます。

例えば前項で移動した dir-file から始まるファイルを探してみます。

```
$  sudo find / -name "dir-file*" -print
/tmp/dst/mvdir/dir-file1
/tmp/dst/mvdir/dir-file2
```

2つのファイルが見つかりました。
sudoコマンドを使用している理由は、トップのディレクトリを指定しているので、ssm-userに権限のないディレクトリも多くあるためです。
[*]ワイルドカードを使用することで、2つのファイル名をまとめて検索しました。

作成済のデータベース情報を検索することができるlocateコマンドもあります。findコマンドよりも高速に動作します。

```
$ sudo locate "*.txt"
```

データベースの更新を即時に行いたい場合は、updatedbコマンドを実行します。

```
$ sudo updatedb
```

updatedbは通常、cronによって、1日1回実行されています。

```
$ sudo cat /etc/cron.daily/mlocate

!/bin/sh
nodevs=$(awk '$1 == "nodev" && $2 != "rootfs" && $2 != "zfs" { print $2 }' < /
proc/filesystems)

renice +19 -p $$ >/dev/null 2>&1
ionice -c2 -n7 -p $$ >/dev/null 2>&1
/usr/bin/updatedb -f "$nodevs"
```

7.2.6 コマンドを検索するには

コマンドを指定してファイルの実体がどこにあるのか確認したい場合があります。
whichコマンドを使用します。

```
$ which -a cp
/usr/bin/cp
```

-aオプションをつけないと、最初に見つかった1つだけしか表示しないので、念のため-aオプションをつけています。

7.3 S3（Simple Storage Service）を使ってみよう

7.3.1 S3（Simple Storage Service）にファイルをコピーする

ここまではlinuxサーバーのローカルのディレクトリやファイルを使用する方法を見てきました。
ファイルの保存先にAWSのストレージサービス**Amazon Simple Storage Service（S3）**を使用する方法を見てみましょう。

Chapter.7 / ファイルを操作してみよう

S3の特徴は次のとおりです。

- 無制限にデータを保存
- 高い耐久性と可用性
- インターネット対応

無制限にデータを保存できる

EC2インスタンスでは、3章でインスタンスを起動したときにデフォルト値の8GBのストレージボリュームを使用しています。

このサイズは変更可能ですが、データの増加にあわせて、確保量も増やしておく必要があり、最大値は16TBです。

それに対してS3のストレージ容量は確保しておく必要はありません。バケットというデータの入れ物を作り、必要に応じてそのバケットにデータを格納するだけです。そして、その容量に制限はありません。無制限にデータを保存していくことができます。使う側にとって非常にシンプルに使うことができるサービスです。

高い耐久性と可用性

アベイラビリティーゾーンという、複数のデータセンターから構成されるデータセンターグループがあります。S3に保存したデータは、自動的に複数のアベイラビリティーゾーンを使用して冗長化されます。

そして、99.999999999%(イレブンナイン)という非常に高い耐久設計がされています。データにアクセスできるかどうかという可用性も、99.99%という高可用性です。

ほぼデータがなくならないストレージとして安全に保存できます。

インターネット対応

HTTP/HTTPSプロトコルを使用して世界中のどこからでもアクセスできます。

アクセスする方法は、マネジメントコンソールというブラウザGUIツールや、CLI(コマンドラインインターフェース)、SDK(ソフトウェアデベロップメントキット)などから使用できます。プログラミング可能なストレージサービスです。

AWS CLI(コマンドラインインターフェース)を使用してみよう

Amazon Linux 2にはすでにAWS CLIがインストールされています。ターミナルでバージョンを確認してみましょう。

```
$ aws --version
aws-cli/1.16.102 Python/2.7.16 Linux/4.14.152-127.182.amzn2.x86_64
botocore/1.12.92
```

バージョンが表示されました。AWS CLIがインストール済ということが確認できました。

S3を操作するための権限を設定してみよう

EC2インスタンスでCLIを実行する際の権限を、IAMロールを介して設定します。

マネジメントコンソールでIAMダッシュボードにアクセスします。

左のナビゲーションペインから、[ロール]を選択して、右のIAMロール一覧から、LinuxRoleを選択します。

現在は、Systems Managerを使用するための、[AmazonSSMManagedInstanceCore]ポリシーしかアタッチされていないことがわかります。

[ポリシーをアタッチします]ボタンを押下します。

[ポリシーのフィルター]で「s3」で検索して、結果からAmazonS3FullAccessポリシーを選択して、[ポリシーのアタッチ]ボタンを押下します。

（本番環境では組織のセキュリティポリシーに基づいて、なるべく最小権限での設定をしますが、今回は検証目的でS3に対してのフルアクセスとしています。）

> LinuxRole にポリシー AmazonS3FullAccess がアタッチされました。　　✕

アタッチされました。

デフォルトリージョンを設定しよう

Systems Managerセッションマネージャで EC2インスタンスに接続します。ここからは AWS CLIをターミナルで実行します。

最初にデフォルトリージョンを設定します。設定をするためのコマンド aws configure が用意されているので実行します。

```
$ aws configure
AWS Access Key ID [None]:
AWS Secret Access Key [None]:
Default region name [None]: ap-northeast-1
Default output format [None]: json
```

実行すると、まず最初に AWS Access Key IDと AWS Secret Access Key が聞かれますが、この2つは何も指定しなくていいです。
ここには認証キーを入れるのですが、本書で起動している EC2インスタンスは IAMロールを使用して、認証情報を安全に設定しているので、固定の認証キーを使って管理する必要はありません。

Default region nameには、東京リージョンを指定するため、ap-northeast-1を指定します。
Default output formatはとりあえずjsonにしておきます。

S3バケットを作成してみよう

S3バケットを作成します。S3バケットは全世界で一意の名前を指定する必要があります。
例えばyamashitaという名前のバケットを作るときのコマンドは次です。

```
$ aws s3 mb s3://yamashita
```

yamashitaのようにありそうな名前で作ると、やはりすでにあるようです。
エラーメッセージが表示されました。

```
make_bucket failed: s3://yamashita An error occurred (BucketAlreadyExists) when
calling the CreateBucket operation: The requested bucket name is not available.
The bucket namespace is shared by all users of the system. Please select a differ
ent name and try again.
```

日付などをつけて一意の名前になるようにして作成します。

```
$ aws s3 mb s3://yamashita-20191102
make_bucket: yamashita-20191102
```

バケットが作成できたかどうか確認します。

```
$ aws s3 ls
2019-11-01 06:16:23 yamashita-20191102
```

Linuxコマンドと同じく、lsコマンドがあります。ちゃんと作成されました。

マネジメントコンソールでも確認してみましょう。

マネジメントコンソールでS3ダッシュボードにアクセスします。

	バケット名 ▼	アクセス ⓘ ▼	リージョン ▼	作成日 ▼
☐ 🪣	yamashita-20191102	オブジェクトは公開可能	アジアパシフィック (東京)	11月 30, 2019 3:41:25 午後 GMT+0900

作成したバケットが一覧に表示されています。東京リージョンに作成されていることも確認できました。

S3バケットにファイルをアップロードしてみよう

S3バケットにファイルをアップロードしてみましょう。ここでアップロードするファイルをインターネットからダウンロードしようと思います。インターネット上で任意のファイルの画像アドレスをコピーしてください。

AWS CLIを使ってコマンドで
AWSのリソースを操作しよう！

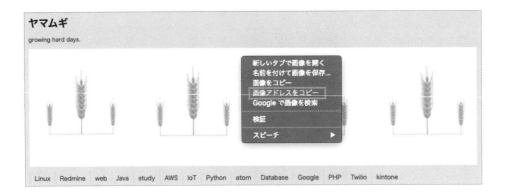

Chromeブラウザの場合は画像を右クリックして、[画像アドレスをコピー]を選択します。

作業するためのworkディレクトリをホームディレクトリに作成します。
workディレクトリにwgetコマンドで画像アドレスを引数に指定して、ダウンロードします。

```
$ mkdir ~/work
$ cd ~/work
$ wget https://www.yamamanx.com/wp-content/uploads/2017/07/cropped-yamamugi.png
```

以下のように出力されればダウンロードは成功です。

```
--2019-11-02 06:51:31--  https://www.yamamanx.com/wp-content/uploads/2017/07/
cropped-yamamugi.png
Resolving www.yamamanx.com (www.yamamanx.com)... 13.225.166.108, 13.225.166.111,
13.225.166.44, ...
Connecting to www.yamamanx.com (www.yamamanx.com)|13.225.166.108|:443...
connected.
HTTP request sent, awaiting response... 200 OK
Length: 44273 (43K) [image/png]
Saving to: 'cropped-yamamugi.png'

100%[=====================================================================
================>] 44,273      --.-K/s   in 0.002s

2019-11-30 06:51:31 (17.3 MB/s) - 'cropped-yamamugi.png' saved [44273/44273]
```

例としまして、著者のブログのバナーをダウンロードしてみました。この画像ファイルをアップロードします。

```
$ aws s3 cp cropped-yamamugi.png s3://yamashita-20191102/yamamugi.png
upload: ./cropped-yamamugi.png to s3://yamashita-20191102/yamamugi.png
```

アップロードするときに、アップロード後のオブジェクト名の指定ができます。ディレクトリのような階層を指定することもできます。

（S3ではあらかじめディレクトリやフォルダを作成しておく必要はありません）

```
$ aws s3 cp cropped-yamamugi.png s3://yamashita-20191102/img/yamamugi.png
upload: ./cropped-yamamugi.png to s3://yamashita-20191102/img/yamamugi.png
```

アップロードができたか確認してみます。

```
$ aws s3 ls s3://yamashita-20191102
                         PRE img/
2019-11-02 06:59:21       44273 yamamugi.png
```

s3 ls コマンドをバケットを指定して実行します。階層として作成した img には PRE となっています。PRE とはプレフィックスのことで、接頭語の意味です。

ディレクトリではなくて、img/という文字列です。

```
$ aws s3 ls --recursive s3://yamashita-20191102
2019-11-30 06:59:36       44273 img/yamamugi.png
2019-11-30 06:59:21       44273 yamamugi.png
```

--recursive というオプションを指定すると、再帰的に出力されます。

マネジメントコンソールでも確認してみます。

S3ダッシュボードのバケット一覧で、作成したバケット名リンクを選択すると、オブジェクトの一覧が表示されます。
バケット直下にアップロードした方の画像オブジェクトの名前リンクを選択します。

オブジェクトの概要が表示されます。下にスクロールしていくと、キーとオブジェクトURLが表示されます。

オブジェクトURLを右クリックして新しいタブで開きます。

```
▼<Error>
   <Code>AccessDenied</Code>
   <Message>Access Denied</Message>
   <RequestId>EFA962ABE88F817D</RequestId>
▼<HostId>
      OG794EjoQ0k4ZlfmpKLjex4o1vYxKrOyzFr8lTwRruaNzjNZP9dRNG6/p4ZmPqER/HXljnd4fYU=
   </HostId>
</Error>
```

アクセスが拒否されました。

オブジェクトの[アクセス権限]タブで確認してみると、パブリックアクセスのEveryoneでオブジェクトの読み取りが[-]になっています。許可されていないということがわかりました。

ターミナルから、コマンドでもオブジェクトのアクセスコントロールリストは確認できます。

```
$ aws s3api get-object-acl --bucket yamashita-20191102 --key yamamugi.png
```

　現在許可されているアクセス権限が表示されます。今の時点では、**Everyone**に対してのパブリックな設定はありません。

```
$ aws s3api put-object-acl --acl public-read --bucket yamashita-20191102 --key yamamugi.png
```

　上記のコマンドを実行すると、**CLI**からパブリックなアクセス権限を設定できます。

```
$ aws s3api get-object-acl --bucket yamashita-20191102 --key yamamugi.png
```

　再度、アクセスコントロールリストを確認すると、以下の許可設定が増えています。

```
"Grantee": {
"Type": "Group",
"URI": "http://acs.amazonaws.com/groups/global/AllUsers"
},
"Permission": "READ"
```

パブリックアクセス

グループ ⓘ	オブジェクトの読み取り ⓘ	オブジェクトの読み取りアクセス権限 ⓘ	オブジェクトの書き込みアクセス権限 ⓘ
⚪ Everyone	はい	-	-

　マネジメントコンソールからアクセスコントロールリストを確認すると、パブリックアクセスの**Everyone** - オブジェクトの読み取りが「はい」になっています。

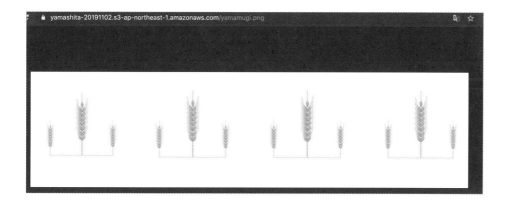

　ブラウザから再度オブジェクトキーにアクセスすると、画像が表示されました。

Chapter.7 ／ ファイルを操作してみよう

AWS CLIを使って、S3バケットの作成、オブジェクトのアップロード、アクセスコントロールリストの設定ができました。このあと、バケットが不要であれば削除しておきましょう。

```
$ aws s3 rb s3://yamashita-20191102 --force
```

rbコマンドでremove bucketをします。
--forceオプションを指定することで、オブジェクトもあわせて削除します。

```
delete: s3://yamashita-20191102/img/yamamugi.png
delete: s3://yamashita-20191102/yamamugi.png
remove_bucket: yamashita-20191102
```

削除されました。

7.3.2 アーカイブと圧縮の方法は？

アーカイブは複数ファイルをまとめて、受け渡しや配布をやりやすくします。圧縮はファイルを圧縮することによりサイズを小さくします。アーカイブと圧縮はあわせて行われることが多くあります。

AWSでS3のようなストレージサービスを使用する際にも、アーカイブと圧縮は有効です。
S3では、保存しているデータ容量とデータの転送容量が、請求料金に影響します。その容量を小さくすることができれば、それだけコスト効率はあがります。
また、ダウンロード、アップロードの際にも、転送サイズが小さいほうが処理時間は短くなります。

アーカイブ、圧縮コマンドを試すためのファイルを用意します。
/var/log/messagesファイルを使って試します。

```
$ mkdir -p ~/work/archive
$ sudo cp /var/log/messages* ~/work/archive/
$ sudo chmod -R 777 ~/work/archive/
$ cd ~/work
$ ls -l archive
ls -l
total 7176
-rwxr-xr-x 1 root root  294742 Mar  9 02:53 messages
-rwxr-xr-x 1 root root 1767498 Mar  9 02:53 messages-20200216
-rwxr-xr-x 1 root root 1750633 Mar  9 02:53 messages-20200223
-rwxr-xr-x 1 root root 1764728 Mar  9 02:53 messages-20200301
-rwxr-xr-x 1 root root 1763346 Mar  9 02:53 messages-20200308
```

このように複数ファイルがあると、このあとの検証がわかりやすいですが、1ファイルでもこの先の手順には影響ありません。

tarコマンドでアーカイブファイルを操作しよう

アーカイブファイルの作成、展開にはtarコマンドを使用します。
オプションは何をするかを決定する必須オプションと、追加のオプションがあります。

● 必須オプション
-c: アーカイブを新規作成します。
-A: アーカイブにファイルを追加します。
-delete: アーカイブからファイルを削除します。
-r: アーカイブの最後にファイルを追加します。
-t: アーカイブ内のファイル一覧を表示します。
-x: アーカイブを展開します。

● オプション
-f: アーカイブファイルを指定します。
-v: 作成、展開するアーカイブのファイルリストを表示します。
-z: gzip形式でアーカイブを圧縮、展開します。
-j: bzip2形式でアーカイブを圧縮、展開します。

```
$ tar cf archive.tar archive/
```

archiveディレクトリを、archive.tarという名前のファイルにアーカイブしました。
cオプションで新規作成し、fオプションで対象のディレクトリやファイルを指定します。

```
$ tar tf archive.tar
archive/
archive/messages
archive/messages-20200216
archive/messages-20200223
archive/messages-20200301
archive/messages-20200308

$ ls -l | grep archive.tar
-rw-r--r-- 1 ssm-user ssm-user 7352320 Mar  9 18:47 archive.tar
```

Chapter.7 / ファイルを操作してみよう

archive ディレクトリごとアーカイブされています。t オプションでアーカイブの内容が一覧表示されました。
archive.tar ファイルの容量は、アーカイブしたファイルの合計容量に近い数字です。

```
$ rm -r archive
$ tar xf archive.tar
```

アーカイブ元の archive ディレクトリごと削除して、archive.tar を展開しました。archive ディレクトリに展開
されました。
このようにアーカイブはバックアップ用途としても使用できます。

gzipコマンドでファイルを圧縮してみよう

gzip コマンドは指定したファイルを圧縮します。

```
$ gzip archive/messages
$ ls -l archive/ | grep gz
-rwxr-xr-x 1 ssm-user ssm-user   22271 Mar  9 02:53 messages.gz
```

圧縮前は、294,742 バイトでしたが、圧縮後は 22,271 バイトになり、10分の1以下になりました。
gzip コマンドは、圧縮前のファイルを削除するので、圧縮後のファイルだけが残ります。
拡張子には自動で.gz が付与されます。圧縮したファイルを展開するときは、-d オプションを使用します。
gzip -d は gunzip コマンドと同じです。

```
$ gzip -d archive/messages.gz
```

ファイルをまとめてアーカイブする際に、圧縮をすることは多くあります。
tar コマンドで z オプションを追加することで、あわせて圧縮することができます。

```
$ tar czf archive.tar.gz archive/
$ ls -l | grep gz
-rw-r--r-- 1 ssm-user ssm-user 506068 Mar  9 21:00 archive.tar.gz
```

tar コマンドでまとめてアーカイブと圧縮を行う際には、拡張子を指定します。
tar cf コマンドでアーカイブを作成したときには、7,352,320 バイトでしたが、506,068 バイトにまでファイルサ
イズが小さくなりました。展開するときも tar コマンドに、z オプションを追加します。

```
$ rm -r archive
$ tar xzvf archive.tar.gz
archive/
archive/messages-20200216
archive/messages-20200223
archive/messages-20200301
archive/messages-20200308
archive/messages
```

この例では、展開する際にファイル一覧を表示する v オプションも追加しています。

bzip2コマンドでも圧縮可能

bzip2コマンドも圧縮をしますが、gzipコマンドよりも圧縮率が高いので、サイズをさらに小さくできます。

```
$ bzip2 archive/messages
$ ls -l archive/ | grep bz2
-rwxr-xr-x 1 ssm-user ssm-user  14871 Mar  9 02:53 messages.bz2
```

gzipコマンドで圧縮したときは、messagesファイルは22,271バイトになりましたが、bzip2コマンドで圧縮した今回はさらに小さい、14,871バイトになりました。

bzip2コマンドは、圧縮前のファイルを削除するので、圧縮後のファイルだけが残ります。

拡張子には自動で.bz2が付与されます。圧縮したファイルを展開するときは、-dオプションを使用します。

bzip2 -d bunzip2コマンドと同じです。

```
$ bunzip2 archive/messages.bz2
```

tarコマンドでjオプションを追加することで、あわせて圧縮することができます。

```
$ tar cjvf archive.tar.bz2 archive/
archive/
archive/messages-20200216
archive/messages-20200223
archive/messages-20200301
archive/messages-20200308
archive/messages

$ ls -l | grep bz2
-rw-r--r-- 1 ssm-user ssm-user 316904 Mar  9 21:12 archive.tar.bz2
```

tarコマンドでまとめてアーカイブと圧縮を行う際には、拡張子を指定します。

tar czfコマンド（gzip形式）でアーカイブを作成したときには、506,068バイトでしたが、316,904バイトにまでファイルサイズが小さくなりました。

展開するときも tarコマンドに、jオプションを追加します。

```
$ rm -r archive
$ tar xjvf archive.tar.bz2
archive/
archive/messages-20200216
archive/messages-20200223
archive/messages-20200301
archive/messages-20200308
archive/messages
```

どちらを使用するべきかは、使用用途に応じての選択となります。圧縮の度合いが高ければ、それだけ展開速度に影響します。

Amazon AthenaでS3に格納したデータを検索するケースのように、より早い展開速度が必要なケースで圧縮形式を使用する場合はgzipを使用することが多くあります。

zipコマンドで圧縮することもできる

Windowsなど他のOSと圧縮データの受け渡しをする場合や、AWS Lambdaにコードをデプロイする場合は、zip圧縮形式を使用します。

```
$ zip archive/messages.zip archive/messages
  adding: archive/messages (deflated 92%)
$ ls -l archive/ | grep zip
-rw-r--r-- 1 ssm-user ssm-user  22394 Mar  9 21:32 messages.zip
$ rm archive/messages.zip
```

zipコマンドは圧縮先した後のファイル名と、圧縮対象の両方を指定します。圧縮対象のファイルは削除せずに残します。

zipコマンドで複数のデータを対象に圧縮するときは、-rオプションをディレクトリに対して使用します。

```
$ zip -r archive.zip archive
  adding: archive/ (stored 0%)
  adding: archive/messages-20200216 (deflated 93%)
  adding: archive/messages-20200223 (deflated 93%)
  adding: archive/messages-20200301 (deflated 93%)
  adding: archive/messages-20200308 (deflated 93%)
  adding: archive/messages (deflated 92%)
```

zip圧縮ファイルを展開するときは、unzipコマンドを使用します。

```
$ rm -r archive
$ unzip archive.zip
Archive:  archive.zip
   creating: archive/
  inflating: archive/messages-20200216
  inflating: archive/messages-20200223
  inflating: archive/messages-20200301
  inflating: archive/messages-20200308
  inflating: archive/messages
```

7.3. 3 Amazon Glacierでアーカイブデータを保存

　本章では、Amazon S3というストレージサービスについても触れてきましたが、ストレージサービスにはいくつかの選択肢があります。

　アーカイブ、圧縮処理をして、今すぐにはアクセスする必要はないが、保存だけはしておきたいデータはAmazon Glacierに保存することによって、S3標準に保存するよりもコストを抑えることができます。

　本書では詳しくは触れませんが、GlacierとS3標準をデータの特性（リアルタイム性の要否など）に応じて使い分けをしましょう。

S3 や Glacier、AWSサービスを使い分けてコスト効率化！

 ## 7.4 **EBS**（Elastic Block Store）と**EFS**（Elastic File System）を操作してみよう

7.4. 1 Amazon EBS（Elastic Block Store）のスケールアップ

EC2 にアタッチされているブロックストレージのサービスがEBSです。

第3章の手順で作成した、Amazon Linux2インスタンスには、8GBのEBSボリュームがアタッチされています。EBSボリュームの容量を増やす（スケールアップ）手順を解説します。

EBSボリュームのボリュームサイズを変更してみよう

AWSマネジメントコンソールEC2の左ペインの[ELASTIC BLOK STORE] - [ボリューム]を選択します。
現在オンラインとなっているEBSボリュームの一覧が表示されます。

対象のEBSボリュームを選択して、[アクション] - [ボリュームの変更]を選択します。ボリューム変更ダイアログが表示されます。ボリュームサイズが変更できます。

10GBにしてみます。

[変更]ボタンを押下します。

状態の列が、in-use - optimizingとなりました。

このあと、completeとなり、アイコンは緑色に戻ります。optimizingになれば次の手順に進んでください。

EC2インスタンスを停止できる場合

対象のEC2インスタンス（Linuxサーバー）が再起動可能であれば、再起動することでボリュームサイズの変更が反映されます。

まず、再起動前にボリュームサイズを確認します。

```
$ df -h
Filesystem      Size  Used Avail Use% Mounted on
devtmpfs        475M     0  475M   0% /dev
tmpfs           492M     0  492M   0% /dev/shm
tmpfs           492M  352K  492M   1% /run
tmpfs           492M     0  492M   0% /sys/fs/cgroup
/dev/xvda1      8.0G  1.6G  6.5G  20% /
```

一番下に /dev/xvda1 が 8GB のボリュームサイズとして Linux OS に認識されています。

対象のEC2インスタンスを選択して［アクション］-［インスタンスの状態］-［再起動］を選択します。

再起動が完了すればdfコマンドでボリュームサイズを確認します。

```
$ df -h
Filesystem      Size  Used Avail Use% Mounted on
devtmpfs        475M     0  475M   0% /dev
tmpfs           492M     0  492M   0% /dev/shm
tmpfs           492M  352K  492M   1% /run
tmpfs           492M     0  492M   0% /sys/fs/cgroup
/dev/xvda1       10G  1.6G  8.5G  16% /
```

10GBにスケールアップしたボリュームが認識されたことが確認できました。

簡単にボリュームサイズを増加できるよ！

EC2インスタンスを停止できない要件の場合

まず、現在のボリュームサイズが8GBのままであることを確認します。

```
$ df -h
Filesystem     Size  Used Avail Use% Mounted on
devtmpfs       475M     0  475M   0% /dev
tmpfs          492M     0  492M   0% /dev/shm
tmpfs          492M  368K  492M   1% /run
tmpfs          492M     0  492M   0% /sys/fs/cgroup
/dev/xvda1     8.0G  2.9G  5.2G  36% /
```

次にボリュームのファイルシステムを識別するためにfile -sコマンドを実行します。

```
$ sudo file -s /dev/xvd*
/dev/xvda:   x86 boot sector; partition 1: ID=0xee, starthead 0, startsector 1, 16777215 se
ctors, extended partition table (last)\011, code offset 0x63
/dev/xvda1: SGI XFS filesystem data (blksz 4096, inosz 512, v2 dirs)
```

パーティションが/dev/xvda1で、ファイルシステムがXFSであることがわかりました。
/dev/xvda1のパーティションサイズをlsblkコマンドで確認します。

```
$ lsblk
NAME    MAJ:MIN RM SIZE RO TYPE MOUNTPOINT
xvda    202:0    0  10G  0 disk
└─xvda1 202:1    0   8G  0 part /
```

xvdaボリュームは10GBに対して、パーティション xvda1が認識しているサイズが8GBであることがわかりました。
パーティション拡張のためにgrowpartコマンドを実行します。

```
$ sudo growpart /dev/xvda 1
CHANGED: partition=1 start=4096 old: size=16773087 end=16777183 new: size=20967391 end=20971487
```

もう一度lsblkで確認します。

```
$ lsblk
NAME    MAJ:MIN RM SIZE RO TYPE MOUNTPOINT
xvda    202:0    0  10G  0 disk
└─xvda1 202:1    0  10G  0 part /
```

パーティションの認識サイズが**10GB**になりました。

次にファイルシステムの拡張コマンド**xfs_growfs**を実行します。

```
$ sudo xfs_growfs -d /
meta-data=/dev/xvda1              isize=512    agcount=4, agsize=524159 blks
         =                        sectsz=512   attr=2, projid32bit=1
         =                        crc=1        finobt=1 spinodes=0
data     =                        bsize=4096   blocks=2096635, imaxpct=25
         =                        sunit=0      swidth=0 blks
naming   =version 2              bsize=4096   ascii-ci=0 ftype=1
log      =internal               bsize=4096   blocks=2560, version=2
         =                        sectsz=512   sunit=0 blks, lazy-count=1
realtime =none                   extsz=4096   blocks=0, rtextents=0
data blocks changed from 2096635 to 2620923
```

マウントポイント **/** に対して**xfs_growfs -d**コマンドを実行しました。

dfコマンドで確認します。

```
$ df -h
Filesystem      Size  Used Avail Use% Mounted on
devtmpfs        475M     0  475M   0% /dev
tmpfs           492M     0  492M   0% /dev/shm
tmpfs           492M  368K  492M   1% /run
tmpfs           492M     0  492M   0% /sys/fs/cgroup
/dev/xvda1       10G  2.9G  7.2G  29% /
```

10GBに拡張しました。

このように、**EBS**のボリューム容量のサイズ増加（スケールアップ）はサーバーを停止することなく行なえます。

7.4. 2 Amazon EFS（Elastic File System）のアタッチ

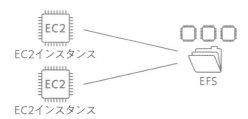

複数の**EC2**インスタンスから、共通のファイルシステムとしてマウントして使用できるストレージサービスが、Amazon EFS（Elastic File System）です。

起動後の**EC2**インスタンスから**EFS**ファイルシステムをマウントする手順を解説します。

AWSマネジメントコンソール EC2左ペインのメニューで、[セキュリティグループ] を選択して、右ペインの [Create security group（セキュリティグループの作成）] ボタンを押下します。

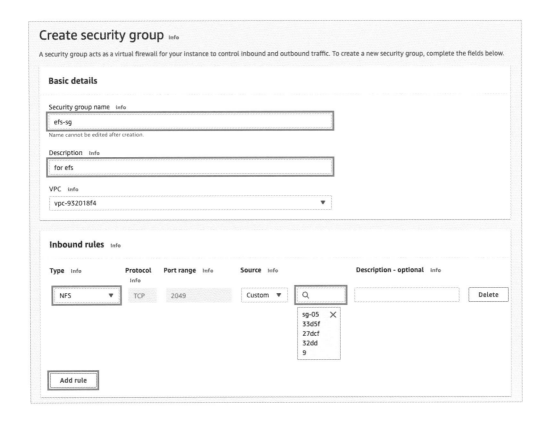

Security group name（セキュリティグループ名）、Description（説明）に任意の名前と説明を入力します。

Inbound rules（インバウンドルール）の Add rule（ルールの追加）を押下して、Type は「NFS」を選択、Sourceの横の虫めがねアイコンで、「linux-sg」を選択します。

こうすることで、linux-sgセキュリティグループを使用しているEC2インスタンスから、NFSプロトコルでの接続を許可する、セキュリティグループが作成されました。

最後の [Create security group（セキュリティグループの作成）] ボタンを押下します。

ファイルシステム

	名前	ファイルシステム ID	計測サイズ	マウントターゲットの数
		ファイルシステムはありません		

AWSマネジメントコンソールでサービスからEFSを選択して、EFSダッシュボードで、[ファイルシステムの作成]
ボタンを押下します。

ネットワークアクセスを設定する

Amazon EFS ファイルシステムは、お客様のいずれかの VPC 内で実行中の EC2 インスタンスによってアクセスされます。インスタンスは、マウントターゲットと呼ばれるネットワークインターフェイスを使用して、ファイルシステムに接続します。各マウントターゲットには IP アドレスがあり、自動的に割り当てるか、お客様が指定できます。

VPC vpc-932018f4 (デフォル...) ⓘ

マウントターゲットの作成

インスタンスは、お客様が作成するマウントターゲットを使用して、ファイルシステムに接続します。VPC の各アベイラビリティーゾーンでマウントターゲットを作成し、VPC 全体の EC2 インスタンスがファイルシステムにアクセスできるようにすることをお勧めします。

	アベイラビリティーゾーン	サブネット	IP アドレス ⓘ	セキュリティグループ ⓘ
✓	ap-northeast-1a	subnet-2553a96d (デフォルト)	自動 ✎	sg-0022adb90f270738a - efs-sg ×
✓	ap-northeast-1c	subnet-63ab9f38 (デフォルト)	自動 ✎	sg-0022adb90f270738a - efs-sg ×
✓	ap-northeast-1d	subnet-8074b9ab (デフォルト)	自動 ✎	sg-0022adb90f270738a - efs-sg ×

キャンセル　**次のステップ**

セキュリティグループを事前に作成したEFS用のセキュリティグループに、それぞれ変更して、[次のステップ]
ボタンを押下します。

Chapter.7 ／ ファイルを操作してみよう

ファイルシステムの設定画面では、今回はデフォルトのまま一番下までスクロールして[次のステップ]ボタンを
押下します。

クライアントアクセスの設定画面では、今回はデフォルトのまま一番下までスクロールして[次のステップ]ボタ
ンを押下します。

次の確認ページでは、[ファイルシステムの作成]ボタンを押下してファイルシステムを作成します。

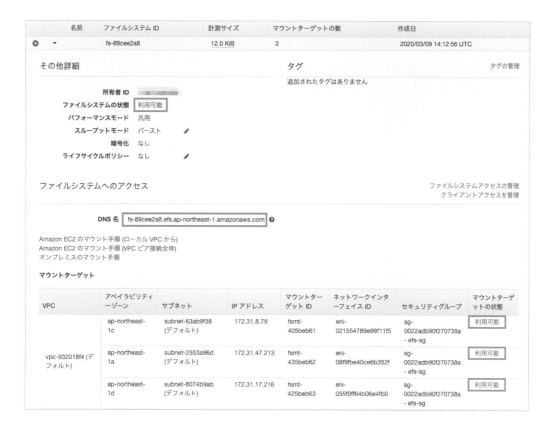

　ファイルシステムの状態と、マウントターゲットの状態がそれぞれ緑色の文字で、利用可能となっていることを確認します。

　fs- から始まるファイルシステム ID をコピーしておきます。

　EC2インスタンスの Amazon Linux2 で次のコマンドを実行します。

```
$ sudo yum install -y amazon-efs-utils
```

Amazon EFS マウントヘルパーをインストールします。

```
$ sudo mkdir /mnt/efs
$ sudo mount -t efs fs-89cee2a8:/ /mnt/efs
```

　これで EFS ファイルシステムのマウントが完了しました。

　複数の EC2 インスタンスでテスト可能な場合は、touch コマンドなどで/mnt/efs ディレクトリにファイルを作成して、他の EC2 インスタンスから確認してみましょう。

Chapter.7 / ファイルを操作してみよう

7.5 Linuxファイルのその他の操作を知ろう

7.5.1 デバイスファイル

ハードウェアへのアクセスを抽象化するためにデバイスファイルがあります。デバイスファイルは、devディレクトリにあります。

デバイスファイルとは、ボリュームやCPUといったデバイスを操作するための擬似的なファイルのことです！

```
$ sudo ls /dev
```

様々なデバイスファイルがあります。例えば「xvda」はルートボリューム用に予約されたブロックデバイスです。lsblkコマンドでも確認できます。

```
$ lsblk
NAME    MAJ:MIN RM SIZE RO TYPE MOUNTPOINT
xvda    202:0    0  10G  0 disk
└─xvda1 202:1    0  10G  0 part /
```

Linuxが認識しているデバイスの情報は、/procディレクトリにあります。

/procディレクトリには実体のない仮想ファイルがあり、参照することによりシステムの情報を確認することができるファイルもあります。

バージョン情報

```
$ sudo cat /proc/version
Linux version 4.14.152-127.182.amzn2.x86_64 (mockbuild@ip-10-0-1-129) (gcc version 7.3.1 20180712
(Red Hat 7.3.1-6) (GCC)) #1 SMP Thu Nov 14 17:32:43 UTC 2019
```

CPU情報

```
$ sudo cat /proc/cpuinfo
processor       : 0
vendor_id       : GenuineIntel
cpu family      : 6
model           : 63
model name      : Intel(R) Xeon(R) CPU E5-2676 v3 @ 2.40GHz
stepping        : 2
microcode       : 0x43
cpu MHz         : 2400.039
cache size      : 30720 KB
physical id     : 0
```

```
siblings        : 1
core id         : 0
cpu cores       : 1
apicid          : 0
initial apicid  : 0
fpu             : yes
fpu_exception   : yes
cpuid level     : 13
wp              : yes
flags           : fpu vme de pse tsc msr pae mce cx8 apic sep mtrr pge mca cmov pat
pse36 clflush mmx fxsr sse sse2 ht syscall nx rdtscp lm constant_tsc rep_good nopl
xtopology cpuid pni pclmulqdq ssse3 fma cx16 pcid sse4_1 sse4_2 x2apic movbe popcnt
tsc_deadline_timer aes xsave avx f16c rdrand hypervisor lahf_lm abm cpuid_fault invpcid_
single pti fsgsbase bmi1 avx2 smep bmi2 erms invpcid xsaveopt
bugs            : cpu_meltdown spectre_v1 spectre_v2 spec_store_bypass l1tf mds
swapgs
bogomips        : 4800.15
clflush size    : 64
cache_alignment : 64
address sizes   : 46 bits physical, 48 bits virtual
power management:
```

メモリ情報

```
sudo cat /proc/meminfo
MemTotal:        1007276 kB
MemFree:          445428 kB
MemAvailable:     770932 kB
Buffers:            2088 kB
Cached:           438532 kB
SwapCached:            0 kB
Active:           202360 kB
Inactive:         292532 kB
Active(anon):      54448 kB
Inactive(anon):      272 kB
Active(file):     147912 kB
Inactive(file):   292260 kB
Unevictable:           0 kB
Mlocked:               0 kB
SwapTotal:             0 kB
SwapFree:              0 kB
Dirty:               328 kB
Writeback:             0 kB
AnonPages:         54344 kB
Mapped:            85480 kB
Shmem:               400 kB
Slab:              39528 kB
SReclaimable:      25844 kB
```

```
SUnreclaim:         13684 kB
KernelStack:         2232 kB
PageTables:          3992 kB
NFS_Unstable:           0 kB
Bounce:                 0 kB
WritebackTmp:           0 kB
CommitLimit:       503636 kB
Committed_AS:      456400 kB
VmallocTotal:   34359738367 kB
VmallocUsed:            0 kB
VmallocChunk:           0 kB
HardwareCorrupted:      0 kB
AnonHugePages:          0 kB
ShmemHugePages:         0 kB
ShmemPmdMapped:         0 kB
HugePages_Total:        0
HugePages_Free:         0
HugePages_Rsvd:         0
HugePages_Surp:         0
Hugepagesize:        2048 kB
DirectMap4k:        67584 kB
DirectMap2M:       980992 kB
```

OSがブートするときに渡されたパラメータ

```
$ sudo cat /proc/cmdline
BOOT_IMAGE=/boot/vmlinuz-4.14.152-127.182.amzn2.x86_64 root=UUID=e8f49d85-e739-436f-
82ed-d474016253fe ro console=tty0 console=ttyS0,115200n8 net.ifnames=0 biosdevname=0
nvme_core.io_timeout=4294967295 rd.emergency=poweroff rd.shell=0
```

現在設定済みのデバイス

```
$ sudo cat /proc/devices
Character devices:
  1 mem
  4 /dev/vc/0
  4 tty
  4 ttyS
  5 /dev/tty
  5 /dev/console
  5 /dev/ptmx
  7 vcs
 10 misc
 13 input
128 ptm
136 pts
202 cpu/msr
```

```
203 cpu/cpuid
249 dax
250 hidraw
251 bsg
252 watchdog
253 rtc
254 tpm

Block devices:
  9 md
202 xvd
253 device-mapper
254 mdp
259 blkext
```

サポートしているファイルシステム

```
$ sudo cat /proc/filesystems
nodev   sysfs
nodev   rootfs
nodev   ramfs
nodev   bdev
nodev   proc
nodev   cpuset
nodev   cgroup
nodev   cgroup2
nodev   tmpfs
nodev   devtmpfs
nodev   debugfs
nodev   tracefs
nodev   securityfs
nodev   sockfs
nodev   bpf
nodev   pipefs
nodev   hugetlbfs
nodev   devpts
nodev   pstore
nodev   mqueue
nodev   autofs
nodev   dax
        xfs
nodev   rpc_pipefs
nodev   binfmt_misc
nodev   nfs
nodev   nfs4
```

マウント情報

```
$ sudo cat /proc/mounts
sysfs /sys sysfs rw,nosuid,nodev,noexec,relatime 0 0
proc /proc proc rw,nosuid,nodev,noexec,relatime 0 0

~省略~

fs-564d6677.efs.ap-northeast-1.amazonaws.com:/ /mnt/efs nfs4 rw,relatime,vers=4.1
,rsize=1048576,wsize=1048576,namlen=255,hard,noresvport,proto=tcp,timeo=600,retra
ns=2,sec=sys,clientaddr=172.31.45.84,local_lock=none,addr=172.31.33.252 0 0

~省略~
```

前項でマウントしたEFSも確認できます。

モジュール情報

```
$ sudo cat /proc/modules
rpcsec_gss_krb5 36864 0 - Live 0xffffffffa0565000
auth_rpcgss 73728 1 rpcsec_gss_krb5, Live 0xffffffffa0552000
nfsv4 655360 2 - Live 0xffffffffa0493000
dns_resolver 16384 1 nfsv4, Live 0xffffffffa03a2000
nfs 303104 2 nfsv4, Live 0xffffffffa0448000
lockd 106496 1 nfs, Live 0xffffffffa0425000
grace 16384 1 lockd, Live 0xffffffffa015c000
fscache 61440 2 nfsv4,nfs, Live 0xffffffffa040e000
binfmt_misc 20480 1 - Live 0xffffffffa0408000

~省略~
```

パーティションブロックの割り当て情報

```
$ sudo cat /proc/partitions
major minor  #blocks  name

 202       0  10485760 xvda
 202       1  10483695 xvda1
```

7.5. 2 ハッシュ関数でファイルの内容を要約してみよう

　ハッシュ関数というコマンドを使うことで、ファイルの内容を一定の長さに文字列に要約できます。この一定の長さの文字列をハッシュ値と言います。

　ハッシュ値は、コピー時にデータが破損していないか、データに改ざんが行われていないかの確認に利用されます。ハッシュ値は一方向への暗号化ですので、ハッシュ値から元のデータに戻すことはできません。

Amazon Linux2では md5sum、sha1sum、sha224sum、sha256sum、sha384sum、sha512sum が利用できます。

-c オプションでチェックもできます。テスト用のテキストファイルを作成して、検証します。

テスト用のテキストファイル作成

```
$ echo HelloWorld > ~/work/hash.txt
$ cd ~/work
```

md5sumでハッシュ値を出力

```
$ md5sum hash.txt
6df4d50a41a5d20bc4faad8a6f09aa8f  hash.txt
```

同じ内容を作成してハッシュ値を出力します。

同じハッシュ値です。

```
$ echo HelloWorld > hash2.txt
$ md5sum hash2.txt
6df4d50a41a5d20bc4faad8a6f09aa8f  hash2.txt
```

少し内容を変えます。ハッシュ値が全然違う値になりました。

```
$ echo HelloWorld! > hash3.txt
$ md5sum hash3.txt
90a6f0c908b76d95b8d9c0e6405b2fd5    hash3.txt
```

S3へのアップロードファイルのハッシュ確認

ハッシュ値を使って、S3へのアップロード時にデータが破損していないかをチェックできます。

ハッシュ値は、openssl md5 -binaryコマンドで出力します。

```
$ openssl md5 -binary hash.txt | base64
bfTVCkGlOgvE+q2Kbwmqjw==
```

s3apiコマンドを--content-md5オプションとともに実行します。

```
$ aws s3api put-object \
--bucket hash-test1 \
--key hash.txt \
--body hash.txt \
--content-md5 bfTVCkGl0gvE+q2Kbwmqjw==

{
    "ETag": "\"6df4d50a41a5d20bc4faad8a6f09aa8f\""
}
```

ハッシュ値がレスポンスとして返され、アップロードが成功しました。ハッシュ値が異なっていると、次のエラーレスポンスが出力されて、アップロードも行われません。

```
An error occurred (InvalidDigest) when calling the PutObject operation: The Content-MD5 you specified was invalid.
```

アップロードコマンドは次のように実行することもできます。

```
$ aws s3api put-object \
--bucket hash-test1 \
--key hash.txt \
--body hash.txt \
--content-md5 $(openssl md5 -binary hash.txt | base64)
```

Chapter

8

エディタを
操作してみよう

Chapter. 8 エディタを操作してみよう

Windowsでは、メモ帳などのテキストエディタを使ってテキストファイルの編集ができます。

Linuxにも複数のテキストエディタがあります。よく使われているテキストエディタとしてvimがあります。この章ではvimの必要最低限の使い方を知っておきましょう。ソフトウェアの設定や、メンテナンスなどで使うこともよくあります。

このほかに、テキストファイルを確認する、cat, less, tailなどのコマンドについてもこの章で解説します。

普段使い慣れている編集操作とは異なります！

8.1 Vimを使ってみよう

これまでと同様に、Systems ManagerセッションマネージャでAmazon Linux 2 EC2インスタンスに接続します。執筆時点で、Amazon Linux 2にはvimがインストールされています。

バージョン確認をしてみます。

```
$ vim --version
VIM - Vi IMproved 8.1 (2018 May 18, compiled Jul 17 2019 17:46:26)
Included patches: 1-1602
Modified by Amazon Linux https://forums.aws.amazon.com/
Compiled by Amazon Linux https://forums.aws.amazon.com/
~以下省略~
```

8.1. 1 起動と終了

起動はvimコマンドです。通常は引数に、新規作成するファイル名や、編集する既存ファイル名を指定します。

```
$ vim
```

```
                    VIM - Vi IMproved

                    version 8.1.1602
                  by Bram Moolenaar et al.
     Modified by Amazon Linux https://forums.aws.amazon.com/
        Vim is open source and freely distributable

             Help poor children in Uganda!
     type  :help iccf<Enter>        for information

     type  :q<Enter>                to exit
     type  :help<Enter>  or  <F1>   for on-line help
     type  :help version8<Enter>    for version info
```

まずはこのまま終了してみましょう。[type :q<Enter> to exit] と書かれているとおりキータイプします。

```
:q
```

8.1. 2 Vimのモード

主に次のモードを使用します。

- ノーマルモード
- 入力モード
- コマンドラインモード

各モードは、キー入力によって移行します。

現在のモード	移行先モード	代表的な入力キー
ノーマル	入力	i
ノーマル	コマンド	:
入力	ノーマル	esc
コマンド	ノーマル	esc

ノーマルモードを介して各モードへ移行します。

まずは簡単なテキストファイルを作成してモードを確認してみましょう。

全章で作成したホームディレクトリのwork ディレクトリを使用します。

```
$ cd ~/work
$ vim sample.txt
```

"sample.txt" [New File]

　左下に ["sample.txt" [New File]] と表示されているだけで特になにもない空のテキストファイルです。この時点では、ノーマルモードです。

　入力モードに移行してみます。[i] キーを押下します。

-- INSERT --

　左下の表示が -- INSERT -- に変わりました。カーソルがある位置に入力してみます。

sample word
second word

　入力できました。[Esc] キーを押下して、ノーマルモードに戻ります。今のモードがわからなくなったときは、[Esc] キーを押下すればノーマルモードに戻ります。

　ノーマルモードからコマンドモードに切り替えて、[w] [Enter] キーを順番に押下すればファイルを保存できます。

　ノーマルモードで [:] [w] を入力して保存できると覚えておいてもいいです。

　保存が終われば、[:] [q] で終了できます。

　[:] [w] と [:] [q] の代わりに、ノーマルモードで [Z] [Z] と入力することでも [保存して閉じる] 操作になり、まとめて行えます。

8.1. 3 コマンドモード

コマンドモードのコマンドは次の主なコマンドを覚えておきましょう。

- **:w** - 上書き保存
- **:w ファイル名** - 名前をつけて保存
- **:q** - vimを終了
- **:q!** - vimを強制終了（保存していない内容があっても終了）

誤った編集をしてしまい、保存せずに一度 vim を終了したい場合は、[:q!] で強制終了してやり直します。

8.1. 4 ノーマルモード

よく使うコマンドを以下に記載します。削除は複数行をまとめて削除するときに便利です。

- **h** - カーソルを左に移動
- **j** - カーソルを下に移動
- **k** - カーソルを上に移動
- **l** - カーソルを右に移動
- **0** - 行頭に移動
- **$** - 行末に移動
- **G** - 最後の行へ移動（数字を入力してから**G**を入力すると指定行移動）
- **gg** - 先頭行へ移動
- **D** - 現在のカーソルから行末までを削除
- **x** - カーソルのある位置の文字を削除
- **dd** - 行を削除（数字を入力してから**dd**を入力することで複数行をまとめて削除）
- **ZZ** - 保存して終了
- **/文字列** - 文字列を下方向へ検索
- **?文字列** - 文字列を上方向へ検索
- **n** - 次の検索結果へ移動
- **N** - 前の検索結果へ移動

8.2 ファイルの内容を参照しよう

8.2. 1 catコマンドでファイルをつなげてみよう

man コマンドで確認すると concatenate files and print on the standard output とあります。これは、複数ファイルを指定すると、連結して表示するコマンドということです。

例えば前項のvimコマンドを使って、新しいテキストファイルを2つ作ってみましょう。ファイル名もテキストの内容も何でもいいですが、例えば1つには[Hello]と書いてtest1.txtとして保存します。
　もう1つには[World]と書いてtest2.txtとして保存します。

　それではcatコマンドでつなげてみます。

```
$ cat test1.txt test2.txt
Hello
World
```

　2つのファイルに書いた内容が2行につながって出力されました。Linuxでは、出力内容をファイルに書き込むリダイレクトという操作があります。

　catコマンドの出力結果をリダイレクトすることで、複数ファイルを連結した新しいファイルを作ることができます。

```
$ cat test1.txt test2.txt > test3.txt
$ cat -n test3.txt
     1  Hello
     2  World
```

　最後に実行したように、catコマンドは複数ファイルを連結する機能を持っていますが、1つのファイルの内容を見るときも簡単に使えるので、よく使います。
　-nオプションで行番号を表示することもできます。
　行番号の表示は、nlコマンドでも行えます。nlコマンドではより細かい設定が可能です。

```
$ nl test3.txt
     1  Hello
     2  World
```

　複数ファイルの連結では、pasteコマンドを使って、区切り文字を追加することもできます。

```
$ paste -d! test1.txt test2.txt
Hello!World
```

8.2. 2 lessコマンドを使ってみよう

前項のように行数の少ないファイルであれば、catコマンドで充分事足りますが、大きいログファイルなどは、catコマンドで見るのは大変です。

例として、以下のコマンドで、Amazon Linux 2が起動時に実行している処理のログファイルを確認してみましょう。

少し長いパスになりますが、Tab キーを押して候補を出しながら実行すれば、間違えずに実行できます。

```
$ cat /var/log/cloud-init-output.log
```

```
--> Running transaction check
---> Package kernel-tools.x86_64 0:4.14.152-127.182.amzn2 will be updated
---> Package kernel-tools.x86_64 0:4.14.154-128.181.amzn2 will be an update
--> Finished Dependency Resolution

Dependencies Resolved

================================================================================
 Package          Arch       Version                  Repository        Size
================================================================================
Updating:
 kernel-tools     x86_64     4.14.154-128.181.amzn2   amzn2-core        122 k

Transaction Summary
================================================================================
Upgrade  1 Package

Total download size: 122 k
Downloading packages:
Delta RPMs disabled because /usr/bin/applydeltarpm not installed.
Running transaction check
Running transaction test
Transaction test succeeded
Running transaction
  Updating   : kernel-tools-4.14.154-128.181.amzn2.x86_64            1/2
  Cleanup    : kernel-tools-4.14.152-127.182.amzn2.x86_64            2/2
  Verifying  : kernel-tools-4.14.154-128.181.amzn2.x86_64            1/2
  Verifying  : kernel-tools-4.14.152-127.182.amzn2.x86_64            2/2

Updated:
  kernel-tools.x86_64 0:4.14.154-128.181.amzn2

Complete!
Cloud-init v. 18.5-2.amzn2 running 'modules:final' at Sat, 30 Nov 2019 02:14:15 +0000. Up 20.59 seconds.
ci-info: no authorized ssh keys fingerprints found for user ec2-user.
Cloud-init v. 18.5-2.amzn2 finished at Sat, 30 Nov 2019 02:14:15 +0000. Datasource DataSourceEc2.  Up 20.90 seconds
sh-4.2$
```

実行すると一気に全部出力されて、上が切れてしまいました。ターミナル画面を上にスクロールすれば、読めなくはないですが、面倒です。このようなケースで、lessコマンドは有効です。

では、catコマンドの部分をlessコマンドに変えて実行しましょう。

```
$ less /var/log/cloud-init-output.log
```

ファイルによってコマンドを使い分けよう！

Chapter.8 ／ エディタを操作してみよう

```
Cloud-init v. 18.5-2.amzn2 running 'init-local' at Sat, 30 Nov 2019 02:14:01 +0000. Up 6.22 seconds.
Cloud-init v. 18.5-2.amzn2 running 'init' at Sat, 30 Nov 2019 02:14:03 +0000. Up 8.93 seconds.
ci-info: ++++++++++++++++++++++++++++++++++++Net device info+++++++++++++++++++++++++++++++++++++++
ci-info: +--------+------+------------------------------+---------------+--------+-------------------+
ci-info: | Device |  Up  |           Address            |     Mask      | Scope  |    Hw-Address     |
ci-info: +--------+------+------------------------------+---------------+--------+-------------------+
ci-info: |  eth0  | True |         172.31.45.84         | 255.255.240.0 | global | 06:09:62:fe:27:3a |
ci-info: |  eth0  | True |  fe80::409:62ff:fefe:273a/64 |       .       |  link  | 06:09:62:fe:27:3a |
ci-info: |   lo   | True |          127.0.0.1           |   255.0.0.0   |  host  |         .         |
ci-info: |   lo   | True |           ::1/128            |       .       |  host  |         .         |
ci-info: +--------+------+------------------------------+---------------+--------+-------------------+
ci-info: +++++++++++++++++++++++++Route IPv4 info+++++++++++++++++++++++++
ci-info: +-------+---------------+-----------+-----------------+-----------+-------+
ci-info: | Route |  Destination  |  Gateway  |     Genmask     | Interface | Flags |
ci-info: +-------+---------------+-----------+-----------------+-----------+-------+
ci-info: |   0   |    0.0.0.0    | 172.31.32.1 |    0.0.0.0     |   eth0    |  UG   |
ci-info: |   1   | 169.254.169.254 | 0.0.0.0   | 255.255.255.255 |   eth0    |  UH   |
ci-info: |   2   |  172.31.32.0  |  0.0.0.0  |  255.255.240.0  |   eth0    |   U   |
ci-info: +-------+---------------+-----------+-----------------+-----------+-------+
ci-info: +++++++++++++++++Route IPv6 info+++++++++++++++++
ci-info: +-------+-------------+---------+-----------+-------+
ci-info: | Route | Destination | Gateway | Interface | Flags |
ci-info: +-------+-------------+---------+-----------+-------+
ci-info: |   9   |  fe80::/64  |   ::    |   eth0    |   U   |
ci-info: |  11   |    local    |   ::    |   eth0    |   U   |
ci-info: |  12   |  ff00::/8   |   ::    |   eth0    |   U   |
ci-info: +-------+-------------+---------+-----------+-------+
Cloud-init v. 18.5-2.amzn2 running 'modules:config' at Sat, 30 Nov 2019 02:14:05 +0000. Up 10.86 seconds.
Loaded plugins: extras_suggestions, langpacks, priorities, update-motd
Existing lock /var/run/yum.pid: another copy is running as pid 3365.
Another app is currently holding the yum lock; waiting for it to exit...
  The other application is: yum
    Memory :  31 M RSS (321 MB VSZ)
    Started: Sat Nov 30 02:14:04 2019 - 00:02 ago
    State  : Sleeping, pid: 3365
Another app is currently holding the yum lock; waiting for it to exit...
/var/log/cloud-init-output.log
```

ファイルの一番上から画面の下の範囲までが表示されました。

Enter キーで1行ずつ下にスクロールされますが、それだけではなく上へのスクロール、画面ごとのスクロールもできます。スクロールするコマンドキーは以下のとおりです。

- Enter , J - **1行下にスクロール**
- K - **1行上にスクロール**
- ⬜ (Space), f - **1画面下にスクロール**

- b - **1画面上のスクロール**
- q - **less コマンドの終了**

検索はvimと同じく / で検索できます。

例えば/yumとして、yum文字列を検索してみます。

```
Existing lock /var/run/yum.pid: another copy is running as pid 3365.
Another app is currently holding the yum lock; waiting for it to exit...
  The other application is: yum
    Memory :  31 M RSS (321 MB VSZ)
    Started: Sat Nov 30 02:14:04 2019 - 00:02 ago
    State  : Sleeping, pid: 3365
Another app is currently holding the yum lock; waiting for it to exit...
  The other application is: yum
    Memory :  55 M RSS (346 MB VSZ)
    Started: Sat Nov 30 02:14:04 2019 - 00:04 ago
    State  : Running, pid: 3365
Another app is currently holding the yum lock; waiting for it to exit...
  The other application is: yum
    Memory : 106 M RSS (397 MB VSZ)
    Started: Sat Nov 30 02:14:04 2019 - 00:06 ago
    State  : Running, pid: 3365
 --> python-devel-2.7.16-3.amzn2.0.1.x86_64 from installed removed (updateinfo)
 --> file-5.11-33.amzn2.0.2.x86_64 from installed removed (updateinfo)
 --> python-2.7.16-3.amzn2.0.1.x86_64 from installed removed (updateinfo)
 --> python-libs-2.7.16-4.amzn2.x86_64 from amzn2-core removed (updateinfo)
 --> file-5.11-35.amzn2.0.1.x86_64 from amzn2-core removed (updateinfo)
 --> python-2.7.16-4.amzn2.x86_64 from amzn2-core removed (updateinfo)
 --> yum-3.4.3-158.amzn2.0.3.noarch from amzn2-core removed (updateinfo)
 --> rpm-libs-4.11.3-40.amzn2.0.3.x86_64 from amzn2-core removed (updateinfo)
```

yumという文字がハイライトされました。vimと同じく、n で次の候補、N で前の候補を検索できます。

8.2. 3 tailコマンドで末尾だけ確認してみよう

ファイルの末尾部分だけを表示するコマンドですが、ログファイルに書き込まれるログを追跡する用途でも使用します。次のコマンドで確認してみましょう。

```
$ sudo tail -f -n 20 /var/log/messages
```

```
sh-4.2$ sudo tail -f -n 20 /var/log/messages
Nov 30 11:01:08 ip-172-31-45-84 systemd: Starting User Slice of root.
Nov 30 11:01:08 ip-172-31-45-84 systemd: Started Session c9 of user root.
Nov 30 11:01:08 ip-172-31-45-84 systemd-logind: New session c9 of user root.
Nov 30 11:01:08 ip-172-31-45-84 systemd: Starting Session c9 of user root.
Nov 30 11:01:14 ip-172-31-45-84 systemd-logind: Removed session c9.
Nov 30 11:01:14 ip-172-31-45-84 systemd: Removed slice User Slice of root.
Nov 30 11:01:14 ip-172-31-45-84 systemd: Stopping User Slice of root.
Nov 30 11:01:21 ip-172-31-45-84 systemd: Created slice User Slice of root.
Nov 30 11:01:21 ip-172-31-45-84 systemd: Starting User Slice of root.
Nov 30 11:01:21 ip-172-31-45-84 systemd: Started Session c10 of user root.
Nov 30 11:01:21 ip-172-31-45-84 systemd-logind: New session c10 of user root.
Nov 30 11:01:21 ip-172-31-45-84 systemd: Starting Session c10 of user root.
Nov 30 11:01:34 ip-172-31-45-84 systemd-logind: Removed session c10.
Nov 30 11:01:34 ip-172-31-45-84 systemd: Removed slice User Slice of root.
Nov 30 11:01:34 ip-172-31-45-84 systemd: Stopping User Slice of root.
Nov 30 11:01:38 ip-172-31-45-84 systemd: Created slice User Slice of root.
Nov 30 11:01:38 ip-172-31-45-84 systemd: Starting User Slice of root.
Nov 30 11:01:38 ip-172-31-45-84 systemd: Started Session c11 of user root.
Nov 30 11:01:38 ip-172-31-45-84 systemd-logind: New session c11 of user root.
Nov 30 11:01:38 ip-172-31-45-84 systemd: Starting Session c11 of user root.
Nov 30 11:02:07 ip-172-31-45-84 dhclient[3042]: XMT: Solicit on eth0, interval 126720ms.
Nov 30 11:03:11 ip-172-31-45-84 amazon-ssm-agent: 2019-11-30 11:03:11 INFO [HealthCheck] HealthCheck reporting agent health.
```

/var/log/messages はLinux OSのログが出力されます。
上記コマンドを実行して少し待ってみると、新しいログが書き込まれて表示されることを確認できます。

-nオプションは初期表示する行数を指定します。指定しない場合は10行表示されます。
-fオプションを指定することで、追記監視が行えます。
tail -fコマンドは Ctrl + C で終了します。

8.2. 4 headコマンドで先頭部分を確認してみよう

ファイルの先頭部分だけを表示したい場合は、headコマンドを使用します。

```
$ sudo head -n 20 /var/log/messages
```

tailコマンド同様に行数は、-nオプションで指定します。

8.3 ファイルの内容を操作しよう

8.3. 1 文字の取り出しはcut

各行から指定した文字位置を取り出すことができます。区切り文字でフィールドごとに分けられたデータテキストで、特定フィールドを出力することもできます。
/etc/passwdの例です。

1文字目から10文字目までを出力

```
$ cut -c 1-10 /etc/passwd

root:x:0:0
bin:x:1:1:
daemon:x:2
adm:x:3:4:
lp:x:4:7:1
sync:x:5:0
shutdown:x
halt:x:7:0
mail:x:8:1
operator:x
games:x:12
ftp:x:14:5
nobody:x:9
systemd-ne
dbus:x:81:
rpc:x:32:3
libstorage
sshd:x:74:
rpcuser:x:
nfsnobody:
ec2-instan
postfix:x:
chrony:x:9
tcpdump:x:
ec2-user:x
ssm-user:x
cwagent:x:
mitsuhiro:
apache:x:4
```

/etc/passwdファイルから第1、3、4フィールドのみを出力

```
$ cut -d: -f 1,3-4 /etc/passwd

root:0:0
bin:1:1
daemon:2:2
adm:3:4
lp:4:7
sync:5:0
shutdown:6:0
halt:7:0
mail:8:12
operator:11:0
games:12:100
```

```
ftp:14:50
nobody:99:99
systemd-network:192:192
dbus:81:81
rpc:32:32
libstoragemgmt:999:997
sshd:74:74
rpcuser:29:29
nfsnobody:65534:65534
ec2-instance-connect:998:996
postfix:89:89
chrony:997:995
tcpdump:72:72
ec2-user:1000:1000
ssm-user:1001:1001
cwagent:996:994
mitsuhiro:1002:1002
apache:48:48
```

8.3.2 並び替えはsortコマンドで

ファイルの内容をソート（並び替え）します。

etc/passwdファイルの内容をユーザー名順に並び替えて出力する例

```
$ sort /etc/passwd

adm:x:3:4:adm:/var/adm:/sbin/nologin
apache:x:48:48:Apache:/usr/share/httpd:/sbin/nologin
bin:x:1:1:bin:/bin:/sbin/nologin
chrony:x:997:995::/var/lib/chrony:/sbin/nologin
cwagent:x:996:994::/home/cwagent:/bin/bash

～後略～
```

-rオプションで降順もできます。

```
$ sort -r /etc/passwd

tcpdump:x:72:72::/:/sbin/nologin
systemd-network:x:192:192:systemd Network Management:/:/sbin/nologin
sync:x:5:0:sync:/sbin:/bin/sync

～後略～
```

8.3. 3 ファイルの分割はsplitコマンドで

1つのファイルを指定した行数に分割します。例えば、**/vsr/log/messages**ファイルを検証用のディレクトリにコピーして、分割します。分割するときに、何行ごとに分割するか、分割ファイルのファイル名を何にするか指定します。

```
$ sudo cp /var/log/messages ~/work/messages
$ sudo split -100 messages sp_messages.
sh-4.2$ ls |grep messages
messages
sp_messages.aa
sp_messages.ab
sp_messages.ac
```

8.4 ファイルの内容のその他の操作を知ろう

8.4. 1 文字数などの確認はwcコマンドで

ファイル内の行数、単語数、文字数を出力します。splitで使用した**messages**ファイルで実行します。

```
$ sudo wc messages
  26242   312878 2745525 messages
```

分割結果の1ファイルでも実行します。

```
$ sudo wc sp_messages.aa
  100   1219 10914 sp_messages.aa
```

100行ごとに分割された結果が確認できました。

8.4. 2 xargsコマンドで引数を処理

標準入力から受け取った文字列を引数として、コマンドを実行します。引数の数がシェルの制限を超えた場合でも実行できます。

splitコマンドで分割したファイルをxargsを使って削除する例です。

```
$ ls ~/work | grep sp_messages. | xargs sudo rm
```

Chapter

9

パーミッションで
権限を設定しよう

パーミッションで権限を設定しよう

前章でログファイルの内容を見るときに、sudoコマンドで実行していました。それは、セッションマネージャで使用しているユーザー ssm-user には messages ログファイルに対しての権限がないからです。

messages ログファイルの権限を確認してみます。

```
$ ls -l /var/log/messages
-rw------- 1 root root 188575 Nov 30 11:15 /var/log/messages
```

ls コマンドの -l オプションでファイルの詳細情報が見れます。ファイルやディレクトリに対しての権限もこの出力で確認できます。messages は root ユーザーのみが読み込みと書き込みをできる権限を持っています。ほかのユーザーには権限がありません。

ですので、ssm-user が messages にアクセスするときは、sudo が必要でした。

ほかのログファイルがどうなっているかを見てみましょう。

```
$ ls -l /var/log
total 380
drwxr-xr-x  3 root    root                  17 Nov 30 02:14 amazon
drwx------  2 root    root                  23 Nov 30 02:14 audit
-rw-------  1 root    root               15061 Nov 30 02:14 boot.log
-rw-------  1 root    utmp                   0 Nov 18 22:58 btmp
drwxr-xr-x  2 chrony  chrony                 6 Feb 21  2019 chrony
-rw-r--r--  1 root    root                6828 Nov 30 02:14 cloud-init-output.log
-rw-r--r--  1 root    root               92974 Nov 30 02:14 cloud-init.log
-rw-------  1 root    root                8383 Nov 30 11:20 cron
-rw-r--r--  1 root    root               26863 Nov 30 02:14 dmesg
-rw-r--r--  1 root    root                 193 Nov 18 22:58 grubby_prune_debug
drwxr-sr-x+ 3 root    systemd-journal       46 Nov 30 02:13 journal
-rw-r--r--  1 root    root              292584 Nov 30 02:16 lastlog
-rw-------  1 root    root                 210 Nov 30 02:14 maillog
-rw-------  1 root    root              189709 Nov 30 11:22 messages
drwxr-xr-x  2 root    root                  18 Nov 30 02:14 sa
-rw-------  1 root    root                5672 Nov 30 11:15 secure
```

```
-rw-------  1 root   root             0 Nov 18 22:58 spooler
-rw-------  1 root   root             0 Nov 18 22:58 tallylog
-rw-rw-r--  1 root   utmp          2304 Nov 30 02:14 wtmp
-rw-------  1 root   root            68 Nov 30 02:14 yum.log
```

　-lオプションで表示される最初の1文字はdがディレクトリ、-がファイルでした。その次の、9桁がパーミッションで誰が何をできるかを出力しています。特別な場合を除き、この9桁は3桁ずつで分けることができます。

　そして、その次に上の例では、ほとんどのファイルでrootが2つ続いています。これはファイルのオーナーとグループがrootであることを示しています。

 ## オーナーとグループ

```
$ ls -l /var/log/messages
-rw------- 1 root root 188575 Nov 30 11:15 /var/log/messages
```

　/var/log/messagesのオーナーはrootで、ファイルグループもrootです。

　1つ目がファイルオーナーで、2つ目がファイルのグループです。

　ファイルを作った人がオーナーになりますが、後から変更することもできます。

 ## パーミッションの読み方

rwx **rwx** **rwx**

オーナーの権限　　グループの権限　　その他ユーザーの権限

　パーミッションの9桁は3桁ずつで分けることができます。

　最初の3桁はオーナーの権限、次の3桁はグループの権限、最後の3桁はオーナーでもグループでもないその他のユーザーの権限を出力しています。

- **r - Read 読み**　　• **w - Write 書き**　　• **x - Execute 実行**

r - - - - - - - -

オーナーの権限　　グループの権限　　その他ユーザーの権限

　/var/log/messagesのパーミッションは、オーナーには、読み書きの権限があって、グループとその他のユーザーには権限が何もないことを示しています。

オーナーとグループを変更してみよう

chownコマンドでオーナー、グループを変更できます。例えば、Webサーバーのコンテンツに対して、Webサーバープロセスを起動しているapacheユーザーとapacheグループに権限を付与する場合などです。本書の17章でWordPressというOSS（オープンソースソフトウェア）を使った、Webに公開するブログサーバーの構築チュートリアルがあります。

そこでは、ダウンロードしてきたWordPressのファイルに対して、chownでオーナーとグループを変更する手順がありますので、実際に構築時にご確認ください。

```
$ sudo chown -R apache:apache /var/www/wordpress
```

 ## パーミッションを変更してみよう

chmodコマンドでパーミッションを変更できます。

パーミッションの指定にはいくつか方法がありますが、本書ではよく使われる8進数の指定方法で解説します。

• r - 4　　　• w - 2　　　• x - 1

3桁ずつのパーミッションを上記数字の合計値で指定します。

例えば 777 と指定した場合

```
$ chmod 777 test1.txt
$ ls -l test1.txt
-rwxrwxrwx 1 ssm-user ssm-user 6 Nov 30 09:23 test1.txt
```

例えば 600と指定した場合

```
$ chmod 600 test2.txt
$ ls -l test2.txt
-rw------- 1 ssm-user ssm-user 6 Nov 30 09:23 test2.txt
```

例えば 755 と指定した場合

```
$ chmod 755 test3.txt
$ ls -l test3.txt
-rwxr-xr-x 1 ssm-user ssm-user 12 Nov 30 09:35 test3.txt
```

権限がなくエラーとなったときは、Permission deniedが表示されるので、パーミッションを確認しましょう。

```
$ cat /var/log/messages
cat: /var/log/messages: Permission denied
```

スクリプトを
実行してみよう

```
if [ "$1" = "ok" ]; then
        echo "OK"
else
        echo "NG"
fi
```

　ここまでいくつかコマンドを見てきました。例えば、毎月特定の日、毎週決まった曜日、毎日特定の時間、同じ作業をする必要がある場合、それを毎回手動でコマンド実行するのは、非効率ですし、もしかするとミスが発生するかもしれません。

　また、その作業が1回しかやらない作業だとしても、ミスが許されない作業だとします。検証したときとまったく同じコマンドを複数実行しなければならないとします。

　そのような場合は、手動でコマンドを実行するのではなく、自動化する、または1度作成すれば、すべてのコマンドが実行できるよう、シェルスクリプトにしておきます。

10.1 シェルスクリプトを作って実行してみよう

10.1.1 まずは簡単なシェルスクリプトの実行

　Systems Manager セッションマネージャから接続して、work ディレクトリに移動しましょう。
　簡単なシェルスクリプトを作って実行してみます。

```
$ cd ~/work
$ vim helloworld.sh
```

　Vim が起動したら、入力モードにして以下の記述をして保存します。

```
#!/bin/bash
echo "Hello World!"
```

　オーナーに実行権限を設定します。

```
$ chmod 700 helloworld.sh
```

実行します。

```
$ ./helloworld.sh
Hello World!
```

実行できました。

　1行目の #!/bin/bash はこのシェルスクリプトは /bin/bash で実行することを指定しています。このようにコマンドの集合を作って、定期的な作業の自動化を行ったり、検証済みの作業の確実な実行をします。
　ですが、シェルスクリプトだけでできることにも限界があるので、適材適所で使っていくことが必要です。処理内容によってはもっと適したプログラム言語がある場合もあります。
　次の項からは、シェルスクリプトで使用できる記述方法や、構文などについて基本的なものを試していきましょう。

10.1.2 スクリプト内の改行コメント方法

　スクリプトの実行結果そのものには影響はありませんが、スクリプトを読みやすくするために、1つの処理を記述している行の途中で改行を入れたり、人が読むための説明を記述したりする場合もあります。

```
#!/bin/bash
echo \
"Hello \
World!"
```

　改行したい場所にバックスラッシュを入れて改行できます。

```
#!/bin/bash

#############################
# Hello Worlodと出力するシェル #
#############################

echo \
"Hello \
World!" #最終行
```

　コメントは # の後に書きます。行をまるごとコメントとすることもできます。また、コマンドの後ろからコメントとすることもできます。

10.1.3 シェルスクリプトでの変数、引数の使い方

変数を使うことで、動的な値を使用したり、シェルスクリプトの途中で設定している値を上部の見やすい位置にまとめたりできます。

```
#!/bin/bash

##########################
#Hello Worlodと出力するシェル#
##########################

hello="Hello World!" #Output

echo $hello
```

また、dateコマンドでコマンド置換を利用することで、日付の値を動的に利用したり、ログ出力するときの日時出力もできます。

```
#!/bin/bash

##########################
#Hello Worlodと出力するシェル#
##########################

hello="Hello World!" #Output
datestr=$(date '+%Y-%m-%d')

echo $(date '+%Y-%m-%d %H:%M:%S') \
        $hello $datestr
```

このシェルスクリプトを実行すると、次の出力になります。

```
./helloworld.sh
2019-11-03 14:31:37 Hello World! 2019-11-03
```

コマンドを実行するとき、例えば、cpコマンドはコピー元のファイルとコピー先のファイルパスを引数として設定しました。このようにコマンド実行時に、都度値を渡して実行するような汎用性の高いシェルスクリプトを作成することもできます。

```
$ vim parameter.sh
```

```
#!/bin/bash

echo $0
echo $1
echo $2
```

上記の内容で、parameter.shを作成して保存します。

パーミッションで実行権限を適用して、引数にaとbという文字を与えて実行します。

```
$ chmod 700 parameter.sh
$ ./parameter.sh a b
./parameter.sh
a
b
```

$0の位置には、parameter.shが、$1と$2の位置には、aとbがそれぞれ出力されました。

このように引数として指定されたものを順番を指定することで、シェルスクリプト内で受け取って処理することができます。

10.2 分岐（if, case）と繰り返し（for, while）を実行してみよう

10.2.1 分岐（if, case）を設定してみよう

様々なプログラム言語にもif文での分岐があるように、シェルスクリプトでもif文が使用できます。

ifを使うことで、特定の引数の場合のみ処理をしたり、条件や状況に応じて分岐することができます。

```
$ vim if.sh
```

```
#!/bin/bash

if [ "$1" = "ok" ]; then
        echo "OK"
else
        echo "NG"
fi
```

「 "$" = "ok" 」はスペースをそれぞれの間に挟む必要があります。

```
$ chmod 700 if.sh
$ ./if.sh ok
OK
```

```
$ ./if.sh
NG
```

引数が ok のときは OK が出力されて、それ以外のときは NG が出力されました。

比較に使われた等記号 (=) は別の演算子もあります。

- **1 != 2**　1と2が等しくない
- **1 -eq 2**　1と2が等しい
- **1 -ne 2**　1と2が等しくない
- **1 -lt 2**　1が2より小さい

- **1 -le 2**　1が2以下
- **1 -gt 2**　1が2より大きい
- **1 -ge 2**　1が2以上

複数条件の分岐制御をする case についても試してみましょう。

```
$ vim case.sh
```

```
#!/bin/bash

case "$1" in
        "ok")
                echo "OK"
                ;;
        "good")
                echo "GOOD"
                ;;
        *)
                echo "NG"
                ;;
esac
```

引数が ok なら OK を、good なら GOOD を、それ以外は NG を出力します。

```
$ chmod 700 case.sh
$ ./case.sh ok
OK
$ ./case.sh good
GOOD
$ ./case.sh
NG
```

想定通りの結果となりました。

10.2.2 繰り返し（for, while）を実行してみよう

プログラムにコマンドを組み込むことのメリットの1つは、繰り返し処理です。

与えるパラメータの違いだけで、同じ処理を何度も実行するために、その回数コマンドを実行したり、前のコマンドが終わるのを待機して、そこから次のコマンドを実行といった、非効率な処理をしなくても済みます。

for文とwhile文の2つの繰り返し処理を試してみましょう。

```
$ vim for.sh
```

```
#!/bin/bash

for i in $(seq 1 10)
do
        echo $i
done
```

for文は、リストの数だけ繰り返します。inの後ろは配列でもいいですし、特定の数を繰り返すように記述してもいいです。

配列の内容を $iという変数に入れて繰り返し表示しています。

```
$ chmod 700 for.sh
$ ./for.sh
1
2
3
4
5
6
7
8
9
10
```

10回繰り返されました。

10.3 プロセスとジョブを管理してみよう

10.3.1 プロセスの確認方法

コマンドも一つのプログラム処理です。Linux サーバーでは様々なプログラムが実行されてサーバーが起動しています。

Linuxサーバー上で実行中の処理のことをプロセスと呼びます。

プロセスは ps コマンドで確認できます。セッションマネージャに接続した直後に ps コマンドを実行します。

```
$ ps
  PID TTY          TIME CMD
18714 pts/0    00:00:00 sh
18780 pts/0    00:00:00 ps
```

CMD列に、shとpsが出力されました。shが今実行しているシェルで、psが今実行したコマンドです。

もう一つセッションマネージャを接続した状態にします。一方では次のコマンドを実行します。

```
$ man ps | less
```

psのマニュアルをlessコマンドで読み始めました。もう一方のセッションマネージャでは次のコマンドを実行します。

```
$ ps x
  PID TTY      STAT   TIME COMMAND
18714 pts/0    Ss     0:00 sh
19015 pts/1    Ss     0:00 sh
19061 pts/0    S+     0:00 less
19177 pts/1    R+     0:00 ps x
```

xオプションによって現在のセッションマネージャ以外のプロセスも表示することができます。

PIDというのは、プロセスIDです。処理の中には、プロセスIDを指定しなければならない処理もあります。その時にpsコマンドを使用することもあります。

よく使うオプションをいくつか紹介します。

```
$  ps xf
  PID TTY      STAT   TIME COMMAND
19015 pts/1    Ss     0:00 sh
19412 pts/1    R+     0:00  \_ ps xf
18714 pts/0    Ss     0:00 sh
19061 pts/0    S+     0:00  \_ less
```

fオプションは親子関係を出力します。

```
$ ps ax
  PID TTY        STAT   TIME COMMAND
    1 ?          Ss    15:47 /usr/lib/systemd/systemd --switched-root --system
--deserialize 22
    2 ?          S      0:00 [kthreadd]
    4 ?          I<     0:00 [kworker/0:0H]
    6 ?          I<     0:00 [mm_percpu_wq]
    7 ?          S      0:12 [ksoftirqd/0]
    8 ?          I      3:35 [rcu_sched]
    9 ?          I      0:00 [rcu_bh]
   10 ?          S      0:00 [migration/0]
~後略~
```

axオプションですべてのユーザーの往路セスが出力されます。

```
$ ps ux
USER        PID %CPU %MEM    VSZ    RSS TTY     STAT START   TIME COMMAND
ssm-user 18714  0.0  0.3 124216   3388 pts/0   Ss   Mar11  0:00 sh
ssm-user 19015  0.0  0.3 124216   3384 pts/1   Ss   Mar11  0:00 sh
ssm-user 19061  0.0  0.0 117012    936 pts/0   S+   Mar11  0:00 less
ssm-user 19575  0.0  0.3 164376   3832 pts/1   R+   00:05  0:00 ps ux
```

uオプションでCPU、メモリなど詳細情報とあわせて出力されます。

10.3.2 ジョブの管理方法

コマンド1行の処理をジョブと呼びます。例えば以下のような処理では、2つのプロセスが実行されますが、1つのジョブです。

```
$ sudo cat /var/log/messages | less
```

フォアグラウンドとバックグラウンド

ジョブはフォアグラウンドとバックグラウンドで実行されます。

```
$ sleep 10
```

sleep 10を実行すると10秒間待ちます。

このコマンドを上記のようにそのまま実行すると、10秒間他のコマンドを実行することができずに待っていなければなりません。これがフォアグラウンドでの実行状態です。

　例えば、大きなファイルのコピーを行って、終わるまで待っていないといけないとなると非効率です。Linuxはマルチスレッドで複数のプロセスを実行することができます。大きなサイズのファイルコピーをしている間に他の処理を実行したほうが効率的です。

　そのときに時間のかかる処理はバックグラウンドで実行する方法が考えられます。

```
$ sleep &
```

後ろに & をつけることで、バックグラウンドでの実行になります。

```
$ sleep 10 &
[1] 20323
sh-4.2$ jobs
[1]+  Running                 sleep 10 &
sh-4.2$ ps
  PID TTY          TIME CMD
19015 pts/1    00:00:00 sh
20323 pts/1    00:00:00 sleep
20327 pts/1    00:00:00 ps
```

　実行直後にプロセスID 20323が出力されて、プロンプトが入力可能になりました。jobsコマンドで実行中のジョブが確認できます。

　しかし、この方法の場合は、ジョブを実行したターミナルやセッションマネージャが終了するとバックグラウンド実行であってもそのジョブは終了します。

　ターミナルやセッションマネージャが終了しても、処理を継続させるには、nohup を使います。セッションマネージャ接続を2つ使って試してみましょう。一方のセッションマネージャで次の2つのジョブを実行します。

```
$ sleep 120 &
[2] 20671
sh-4.2$ nohup sleep 120 &
[3] 20681
```

　もう一方のセッションマネージャで ps x コマンドを実行します。

```
$ ps x
  PID TTY      STAT   TIME COMMAND
18714 pts/0    Ss     0:00 sh
20681 ?        S      0:00 sleep 120
20714 pts/0    R+     0:00 ps x
```

nohup付きで実行した、プロセスID 20681だけ継続していることがわかりました。

そして、プロセスを処理途中で終了したい場合はkillコマンドを使用します。

```
& kill 20681
```

killコマンドでは引数にプロセスIDを指定します。

10.3.3 Pythonで簡易Webサーバーを作ってみよう

Linuxとは直接関係ありませんが、Pythonのサンプルコードで簡易Webサーバーを作ってみましょう。
Amazon LinuxにはデフォルトでPython2系がインストールされています。

```
$ mkdir cgi-bin
$ vim cgi-bin/uname.py
```

フォアグラウンドとバックグラウンド

```
#!/usr/bin/env python

import os
print "200 OK"
print "Content-Type: text/plain"
print ""
print os.uname()
```

```
$ chmod u+x cgi-bin/uname.py
$ nohup python -m CGIHTTPServer &
```

これでPython簡易Webサーバーが起動しました。curlコマンドで試してみます。

```
$ curl http://localhost:8000/cgi-bin/uname.py
('Linux', 'ip-172-31-45-84.ap-northeast-1.compute.internal', '4.14.152-127.182.amzn2.
x86_64', '#1 SMP Thu Nov 14 17:32:43 UTC 2019', 'x86_64')
```

システム情報が出力されました。

Python Webサーバーは8000番ポートを使っていますので、EC2インスタンスに設定しているセキュリティグループで8000番ポートを許可して、ブラウザからアクセスしてみましょう。

http://EC2パブリックIPアドレス/cgi-bin/uname.py

ブラウザに同じようにLinuxのシステム情報が表示されます。

確認が終われば、kill コマンドでpython のプロセスを終了しておきましょう。

10.3. 4 プロセスの優先順位とは

プロセスには実行優先度があります。優先度の高いプロセスは、より多くのCPU時間が割り当てられます。
より多くの処理をしなければならないプロセスの優先度を指定してあげることができます。

```
$ ps l
F   UID    PID  PPID PRI  NI     VSZ     RSS WCHAN   STAT TTY          TIME COMMAND
4   1001  8235  8224  20   0  124216    3440 -        Ss   pts/0       0:00 sh
0   1001  8646  8235  20   0  160172    2204 -        R+   pts/0       0:00 ps l
```

ps lコマンドで出力すると、PRIという列があります。PRIが優先度（Priority）です。低い方が優先されます。
niceコマンドでナイス値（NI）を-20から19の間でコントロールできます。

```
$ sudo nice -n -20 ps l

F   UID    PID  PPID PRI  NI     VSZ     RSS WCHAN   STAT TTY          TIME COMMAND
4     0   8809  8808   0 -20  160172    2252 -        R<+  pts/0       0:00 ps l
```

NIが指定した-20になり、PRIが0になりました。
reniceコマンドで実行中のプロセスをプロセスIDを指定するか、ユーザー名を指定して、ナイス値を変更する
こともできます。
例えばApache Webサービスの優先度をあげると次のようになります。

```
$ sudo ps axl | grep httpd
4    0  6570    1  20   0 255352 9348 core_s Ss   ?              0:04 /usr/sbin/httpd -DFOREGROUND

$ sudo renice -20 -p 6570
6570 (process ID) old priority 0, new priority -20

sh-4.2$ sudo ps axl | grep httpd
4    0  6570    1   0 -20 255352 9348 core_s S<s  ?              0:04 /usr/sbin/httpd -DFOREGROUND
```

ssm-userの優先度をあげる

```
$ sudo renice -10 -u ssm-user
1001 (user ID) old priority 0, new priority -10
```

10.4 メタデータ、ユーザーデータ、cloud-init

10.4.1 メタデータ

シェルスクリプトを使って自動処理を行う際に、パブリックIPアドレスや、どこのリージョンで起動しているか、などのEC2インスタンスが起動したあとの情報が必要なケースがあります。それらの情報はLinux側で設定されている情報ではありません。それらを取得するためにメタデータがあります。

EC2インスタンスから、http://169.254.169.254/latest/meta-data にアクセスすることで取得できます。Linuxサーバーでは、curlコマンドで取得することが一般的です。実行してみましょう。

```
$ curl http://169.254.169.254/latest/meta-data
ami-id
ami-launch-index
ami-manifest-path
block-device-mapping/
events/
hostname
iam/
identity-credentials/
instance-action
instance-id
instance-type
local-hostname
local-ipv4
mac
metrics/
network/
placement/
profile
public-hostname
public-ipv4
reservation-id
security-groups
```

例えば、パブリックIPアドレスは、public-ipv4で取得できます。

```
$ curl http://169.254.169.254/latest/meta-data/public-ipv4
```

どのリージョンで起動しているかは、placement/availability-zoneでどこのアベイラビリティーゾーンで起動しているかの情報が取得できるので、そこから判断できます。

例えば東京リージョンであれば、次のようになりますので、最後の1文字を除けばリージョンを表す文字列になります。

```
$ curl http://169.254.169.254/latest/meta-data/placement/availability-zone
ap-northeast-1a
```

EC2インスタンスが起動する際に、自動的にコマンドを実行することができます。

そうすることでデプロイの自動化を行ったり、モジュールのアップデートを行ったり、起動時に必ず必要な処理を行うことができます。

▼ 高度な詳細

| ユーザーデータ ⓘ | ● テキストで ○ ファイルとして ○ 入力はすでに base64 でエンコード済み |

```
#!/bin/bash
yum -y update
git pull
```

ユーザーデータはEC2作成時の詳細設定で指定することができます。

ほかには Auto Scaling という機能がありますが、そこで繰り返しEC2インスタンスを起動する際にあらかじめ設定しておきます。

ユーザーデータを使用して、EC2インスタンス起動時に仮想メモリを追加するコマンド例を紹介します。

筆者の個人ブログでは、t3.nanoという小さなEC2インスタンスを使用しています。

メモリは0.5GBです。これではいくつかの処理がメモリ不足によるエラーになってしまうことがあります。

そのため、起動時に仮想メモリを追加しています。

```
#!/bin/bash
fallocate -l 512M /swapfile
chmod 600 /swapfile
mkswap /swapfile
swapon /swapfile
```

ユーザーデータのログは、/var/log/cloud-init-output.log に出力されます。

```
Setting up swapspace version 1, size = 512 MiB (536866816 bytes)
no label, UUID=83c501d4-aeaa-4f15-b779-c809d4fbf506
```

正常に仮想メモリが追加された記録が確認できます。このように AMI をもとに、EC2インスタンスを起動する際に毎回行う処理があれば、ユーザーデータで設定しておきます。

> 必ず実行するコマンドはユーザーデータで実行しよう！

10.4.3 cloud-init

ユーザーデータのログは、/var/log/cloud-init-output.logに出力されます。

これは、ユーザーデータのログが出力されているというよりも、cloud-initの実行結果ログです。ユーザーデータもcloud-initの実行内容の一部です。

cloud-initとは、指定されたアクションをインスタンスの起動時に実行しています。
/etc/cloud/cloud.cfg.dと/etc/cloud/cloud.cfgにあるcloud-initアクションが実行されています。

起動時にこれらのタスクを実行しています。

- デフォルトのロケールを設定
- ホスト名を設定
- ユーザーデータの解析と処理
- ホストプライベートSSHキーの生成
- ユーザーのパブリックSSHキーを.ssh/authorized_keysに追加する
- パッケージ管理のためにリポジトリを準備する
- ユーザーデータで定義されたパッケージアクションの処理
- ユーザーデータにあるユーザースクリプトの実行
- インスタンスストアボリュームをマウントする

設定ファイルの内容は以下です。

cloud.cfg

```
$ sudo cat /etc/cloud/cloud.cfg

# WARNING: Modifications to this file may be overridden by files in
# /etc/cloud/cloud.cfg.d

users:
 - default

disable_root: true
ssh_pwauth:    false

mount_default_fields: [~, ~, 'auto', 'defaults,nofail', '0', '2']
resize_rootfs: noblock
resize_rootfs_tmp: /dev
ssh_deletekeys:    false
ssh_genkeytypes:   ~
syslog_fix_perms:  ~
```

```
datasource_list: [ Ec2, None ]
repo_upgrade: security
repo_upgrade_exclude:
 - kernel
 - nvidia*
 - cuda*

# Might interfere with ec2-net-utils
network:
  config: disabled

cloud_init_modules:
 - migrator
 - bootcmd
 - write-files
 - write-metadata
 - growpart
 - resizefs
 - set-hostname
 - update-hostname
 - update-etc-hosts
 - rsyslog
 - users-groups
 - ssh
 - resolv-conf

cloud_config_modules:
 - disk_setup
 - mounts
 - locale
 - set-passwords
 - yum-configure
 - yum-add-repo
 - package-update-upgrade-install
 - timezone
 - disable-ec2-metadata
 - runcmd

cloud_final_modules:
 - scripts-per-once
 - scripts-per-boot
 - scripts-per-instance
 - scripts-user
 - ssh-authkey-fingerprints
 - keys-to-console
 - phone-home
```

```
  - final-message
  - power-state-change

system_info:
  # This will affect which distro class gets used
  distro: amazon
  distro_short: amzn
  default_user:
    name: ec2-user
    lock_passwd: true
    gecos: EC2 Default User
    groups: [wheel, adm, systemd-journal]
    sudo: ["ALL=(ALL) NOPASSWD:ALL"]
    shell: /bin/bash
  paths:
    cloud_dir: /var/lib/cloud
    templates_dir: /etc/cloud/templates
  ssh_svcname: sshd

mounts:
 - [ ephemeral0, /media/ephemeral0 ]
 - [ swap, none, swap, sw, "0", "0" ]
# vim:syntax=yaml
```

cloud.cfgには、Amazon Linux2への書記設定があります。

disable_rootは、ルートユーザーのログインを無効にしています。

ssh_pwauthは、パスワードでのログインを無効にしています。

default_userで書記ユーザーのec2-userの名前と設定を指定しています。

cloud_init_modules、cloud_config_modules、cloud_final_modulesそれぞれに実行するモジュールが設定されています。

cloud.cfg.d

```
$ sudo ls /etc/cloud/cloud.cfg.d
05_logging.cfg  10_aws_yumvars.cfg  README
```

cloud.cfg.dディレクトリには、独自のcloud-initアクションファイルを作成することもできます。

05_logging.cfgと10_aws_yumvars.cfgはデフォルトで作成されています。

05_logging.cfgと10_aws_yumvars.cfgの内容は以下です。

05_logging.cfg

```
$ sudo cat /etc/cloud/cloud.cfg.d/05_logging.cfg

## This yaml formated config file handles setting
## logger information.  The values that are necessary to be set
## are seen at the bottom.  The top '_log' are only used to remove
## redundency in a syslog and fallback-to-file case.
##
## The 'log_cfgs' entry defines a list of logger configs
## Each entry in the list is tried, and the first one that
## works is used.  If a log_cfg list entry is an array, it will
## be joined with '\n'.
_log:
 - &log_base |
   [loggers]
   keys=root,cloudinit

   [handlers]
   keys=consoleHandler,cloudLogHandler

   [formatters]
   keys=simpleFormatter,arg0Formatter

   [logger_root]
   level=DEBUG
   handlers=consoleHandler,cloudLogHandler

   [logger_cloudinit]
   level=DEBUG
   qualname=cloudinit
   handlers=
   propagate=1

   [handler_consoleHandler]
   class=StreamHandler
   level=WARNING
   formatter=arg0Formatter
   args=(sys.stderr,)

   [formatter_arg0Formatter]
   format=%(asctime)s cloud-init[%(process)d]: %(filename)s[%(levelname)s]: %(message)s
   datefmt=%b %d %H:%M:%S

   [formatter_simpleFormatter]
   format=[CLOUDINIT] %(filename)s[%(levelname)s]: %(message)s
 - &log_file |
   [handler_cloudLogHandler]
```

```
    class=FileHandler
    level=DEBUG
    formatter=arg0Formatter
    args=('/var/log/cloud-init.log',)
 - &log_syslog |
    [handler_cloudLogHandler]
    class=handlers.SysLogHandler
    level=DEBUG
    formatter=simpleFormatter
    args=("/dev/log", handlers.SysLogHandler.LOG_USER)

log_cfgs:
# Array entries in this list will be joined into a string
# that defines the configuration.
#
# If you want logs to go to syslog, uncomment the following line.
# - [ *log_base, *log_syslog ]
#
# The default behavior is to just log to a file.
# This mechanism that does not depend on a system service to operate.
 - [ *log_base, *log_file ]
# A file path can also be used.
# - /etc/log.conf

# This tells cloud-init to redirect its stdout and stderr to
# 'tee -a /var/log/cloud-init-output.log' so the user can see output
# there without needing to look on the console.
output: {all: '| tee -a /var/log/cloud-init-output.log'}
```

10_aws_yumvars.cfg

```
$ sudo cat /etc/cloud/cloud.cfg.d/10_aws_yumvars.cfg
# ### DO NOT MODIFY THIS FILE! ###
# This file will be replaced if cloud-init is upgraded.
# Please put your modifications in other files under /etc/cloud/cloud.cfg.d/
#
# Note that cloud-init uses flexible merge strategies for config options
# http://cloudinit.readthedocs.org/en/latest/topics/merging.html

write_metadata:
  # Fill in yum vars for the region and domain
  - path: /etc/yum/vars/awsregion
    data:
      - identity: region
      - "default"
  - path: /etc/yum/vars/awsdomain
    data:
```

```
        - metadata: services/domain
        - "amazonaws.com"

# vim:syntax=yaml expandtab
```

 ## 10.5 サービス、ジョブを制御してみよう

10.5.1 systemdで制御してみよう

Amazon Linux2 は systemd がサポートされています。UNIX系OS全般で使われてきた SysVinit と後方互換するように設計されています。

systemd は起動時のシステムサービスのスタートアップや、デーモン(常駐プロセス)の実行、サービス同士の依存関係制御などを行います。

Unit

systemd には、Unit という概念があります。サービスを起動したり、ファイルシステムをマウントする Unit があります。

Unit ファイル名は次のフォーマットです。

ユニット名.ユニットタイプ

主なユニットタイプは下記です。

.service : システムサービス

.device : カーネルが認識するデバイス

.mount : ファイルシステムのマウントポイント

.target : 複数の Unit をグループにしている

.swap : スワップデバイスまたはスワップファイル

.timer : 指定した日時、間隔で処理を実行する

●Unitファイルの場所

```
$ sudo ls /usr/lib/systemd/system/
acpid.service                         proc-fs-nfsd.mount
amazon-efs-mount-watchdog.service     proc-sys-fs-binfmt_misc.automount
amazon-ssm-agent.service              proc-sys-fs-binfmt_misc.mount

~後略~
```

/usr/lib/systemd/system/ディレクトリには、インストール済みのRPMパッケージで配布されたsystemd unitファイルがあります。

```
$ sudo ls /run/systemd/system/
session-c29.scope   session-c29.scope.d   user-0.slice   user-0.slice.d
```

/run/systemd/system/ディレクトリには、ランタイム時に作成されたsystemd unitファイルがあります。

```
$ sudo ls /etc/systemd/system/
amazon-cloudwatch-agent.service  default.target        local-fs.target.wants   sockets.target.wants
basic.target.wants                         default.target.wants  multi-user.target.wants  sysinit.target.wants
cloud-init.target.wants             getty.target.wants    remote-fs.target.wants   system-update.target.wants
```

/etc/systemd/system/ディレクトリには、systemctl enableで作成されたsystemd unitファイルおよびサービス拡張向けに追加されたunitファイルがあります。

サービスの操作はsystemctl

サービスの操作には、systemctlコマンドを使用します。

```
systemctl サブコマンド Unit名 パラメータ
```

よく使うサブコマンドをアパッチwebサーバーの例で示します。例の.serviceは省略できます。

サービスの開始

```
$ sudo systemctl start httpd.service
```

サービスの停止

```
$ sudo systemctl stop httpd.service
```

サービスの再起動
サービスが停止時は開始します。

```
$ sudo systemctl restart httpd.service
```

サービスが起動している場合のみの再起動

```
$ sudo systemctl try-restart httpd.service
```

サービスが設定を再読み込み

```
$ sudo systemctl reload httpd.service
```

サービスが実行中かを確認

```
$ sudo systemctl status httpd.service
```

停止しているときの出力例

```
● httpd.service - The Apache HTTP Server
   Loaded: loaded (/usr/lib/systemd/system/httpd.service; disabled; vendor preset: disabled)
   Active: inactive (dead)
     Docs: man:httpd.service(8)
```

実行中の出力例

```
● httpd.service - The Apache HTTP Server
   Loaded: loaded (/usr/lib/systemd/system/httpd.service; disabled; vendor preset: disabled)
   Active: active (running) since Fri 2020-03-27 20:16:17 JST; 5s ago
     Docs: man:httpd.service(8)
 Main PID: 6210 (httpd)
   Status: "Processing requests..."
   CGroup: /system.slice/httpd.service
           ├─6210 /usr/sbin/httpd -DFOREGROUND
           ├─6212 /usr/sbin/httpd -DFOREGROUND
           ├─6213 /usr/sbin/httpd -DFOREGROUND
           ├─6214 /usr/sbin/httpd -DFOREGROUND
           ├─6215 /usr/sbin/httpd -DFOREGROUND
           └─6216 /usr/sbin/httpd -DFOREGROUND
```

すべてのサービスの状態を出力

```
$ sudo systemctl list-units --type service --all

  UNIT                            LOAD    ACTIVE  SUB      DESCRIPTION
  amazon-cloudwatch-agent.service loaded  active  running  Amazon CloudWatch Agent
  amazon-ssm-agent.service        loaded  active  running  amazon-ssm-agent

~後略~
```

サービスを有効にする

```
$ sudo systemctl enable httpd.service
Created symlink from /etc/systemd/system/multi-user.target.wants/httpd.service to /usr/lib/systemd/system/httpd.service.
```

/etc/systemd/system/multi-user.target.wants/ ディレクトリにシンボリックリンクが作成されました。

サービスを無効にする

```
$ sudo systemctl disable httpd.service
Removed symlink /etc/systemd/system/multi-user.target.wants/httpd.service.
```

/etc/systemd/system/multi-user.target.wants/ からシンボリックリンクが削除されました。

サービスの有効無効の一覧表示

```
$ sudo systemctl list-unit-files --type service
UNIT FILE                              STATE
amazon-cloudwatch-agent.service        enabled
amazon-efs-mount-watchdog.service      disabled

~後略~
```

サービスの一覧表示

```
$ sudo systemctl list-units --type service
UNIT                             LOAD    ACTIVE SUB      DESCRIPTION
amazon-cloudwatch-agent.service  loaded active running Amazon CloudWatch Agent
amazon-ssm-agent.service         loaded active running amazon-ssm-agent

~後略~
```

systemctl コマンドでサービス管理を使いこなそう！

デーモン

次のようなデーモン（常駐プロセス）もAmazon Linux2上で動作しています。

- **systemd-journald**：ログ管理プロセス
- **systemd-logind**：ログイン処理プロセス
- **systeme-timedated**：システムクロック管理
- **systeme-udevd**：デバイス動的検知

10.5. 2 ジョブスケジューリングで自動実行させてみよう

定期的な繰り返し処理はcronでスケジュール実行しよう！

cron

繰り返し実行するコマンドを、毎回ログインして実行する必要はありません。定期的に自動実行するサービスが、crondです。crondプロセスは、crontabファイルを確認して、実行するべき設定があれば実行します。最低単位は1分です。

ユーザーのcrontabファイルは、crontab -eコマンドで新規作成、編集します。

```
$ crontab -e
```

例としてS3バケットにローカルのフォルダの内容を同期する、シェルスクリプトを作成しました。

```
#!/bin/bash
WORKDIR=$HOME/work
aws s3 sync $WORKDIR s3://sync-test2020 >> $WORKDIR/s3sync.log
```

これを1分おきに実行するときのcrontabは次です。

```
* * * * * $HOME/work/s3sync.sh
```

crontabファイルのフィールドで繰り返し期間を設定できます。

- **第1フィールド: 分 0~59までの整数、または ***
- **第2フィールド: 時 0~23までの整数、または ***
- **第3フィールド: 日 1~31までの整数、または ***
- **第4フィールド: 月 1~12までの整数、または ***
- **第5フィールド: 週 0~7までの整数、または ***
- **第6フィールド: 実行するコマンド**

第5フィールドの週の整数は、0と7が日曜日、1~6が月~土です。代わりに、Sun、Monなど文字列での指定もできます。

毎週日曜日の23時に実行する例

```
0 23 * * Sun $HOME/work/s3sync.sh
```

複数回実行する場合は、「,」で区切ります。

毎週日曜日の12時と23時に実行する例

```
0 12,23 * * Sun $HOME/work/s3sync.sh
```

間隔指定は「*/4」のようにします。

```
0 */4 * * Sun $HOME/work/s3sync.sh
```

設定は、-lオプションで確認できます。

```
$ crontab -l

* * * * * $HOME/work/s3sync.sh
```

-rオプションで実行すると、設定されたすべてのcronジョブが消えるのでご注意ください。

ユーザーのcrontabとは別にシステムのcrontabがあります。ファイルは /etc/crontabです。

```
$ cat /etc/crontab

SHELL=/bin/bash
PATH=/sbin:/bin:/usr/sbin:/usr/bin
MAILTO=root

# For details see man 4 crontabs

# Example of job definition:
# .---------------- minute (0 - 59)
# |  .------------- hour (0 - 23)
# |  |  .---------- day of month (1 - 31)
# |  |  |  .------- month (1 - 12) OR jan,feb,mar,apr ...
# |  |  |  |  .---- day of week (0 - 6) (Sunday=0 or 7) OR sun,mon,tue,wed,thu,fri,sat
# |  |  |  |  |
# *  *  *  *  * user-name  command to be executed
```

他にもcrondプロセス関連のファイルはあります。

```
$ ls -l /etc | grep cron

-rw-------  1 root root     541 Jan 16 09:55 anacrontab
```

```
drwxr-xr-x  2 root root     96 Mar 29 14:23 cron.d
drwxr-xr-x  2 root root     57 Nov 19 07:59 cron.daily
-rw-------  1 root root      0 Jan 16 09:55 cron.deny
drwxr-xr-x  2 root root     22 Mar 29 14:23 cron.hourly
drwxr-xr-x  2 root root      6 Oct 19  2017 cron.monthly
-rw-r--r--  1 root root    451 Oct 19  2017 crontab
drwxr-xr-x  2 root root      6 Oct 19  2017 cron.weekly
```

conr.d、cron.daily、cron.hourly、cron.monthly、cron.weekly にはそれぞれ、定期間隔で実行されるコマンドや、追加で実行されるコマンドが設定されています。

cron.deny ファイルは cron 利用を拒否するユーザーを記述します。
Amazon Linux2ではデフォルトでどのユーザーも拒否されていません。

1回限りの実行予約はat

at は1回限りの実行スケジュールです。先ほどのS3バケットとの同期実行するシェルスクリプトを、明日の朝10時に1回のみ追加実行をスケジューリングしておきたい場合は、以下の通りです。

```
$ at -f $HOME/work/s3sync.sh 10:00

job 1 at Sun Mar 29 10:00:00 2020
```

10.5.3 AWS Systems Managerによるコマンド実行

cronやatを使ったジョブスケジューリングは、管理しているインスタンスが少ないうちは、有効かもしれません。
管理するインスタンスが多くなったとき、新たなジョブスケジューリングを追加したり、設定済みのスケジュールを変更するために、1つ1つのインスタンスにアクセスしていては、そのインスタンスの数だけ時間がかかってしまいます。

AWS Systems Manager の Run Command を使用することで、複数のインスタンスにまとめて、定期的なコマンド実行ができます。

```
#!/bin/bash
WORKDIR=$HOME/work
aws s3 sync $WORKDIR s3://sync-test2020 >> $WORKDIR/s3sync.log
```

EC2インスタンスの効率的な管理はSystems Manager！

メンテナンスウインドウを作成してみよう

いつコマンドを実行するかはメンテナンスウインドウで設定します。

マネジメントコンソールで、AWS Systems Managerコンソール左ペインで、[メンテナンスウインドウ]を選択します。[名前]を入力します。

毎日22:15に実行されるように設定します。下にスクロールして、[メンテナンスウインドウの作成]ボタンを押下します。

ターゲットを登録してみよう

作成したメンテナンスウインドウを選択して、[アクション]-[ターゲットの登録]を選択します。

　下にスクロールして、[Choose instances manually]からインスタンスを直接指定します。特定の共通タグを持つインスタンスをまとめて指定することもできます。

　[ターゲットの登録]ボタンを押下します。

run command タスクを登録してみよう

　メンテナンスウインドウを選択して、[アクション]-[run command タスクの登録]を選択します。

　AWS-RunShellScriptを検索して、選択します。

登録済のターゲットから先ほど、登録したインスタンスターゲットを選択します。

レート制御を入力します。

今回はターゲットが1インスタンスだけなので、両方1を入力します。

出力先のS3バケット名を入力します。

コマンドを入力して、[run command タスクの登録] ボタンを押下します。

コマンドは以下のコマンドを設定しました。

```
aws s3 sync /home/ssm-user/work s3://sync-test2020
```

実行結果を確認してみよう

履歴で実行結果が見れます。ステータス成功で完了しています。

S3に出力したログを確認すると、1つのファイルが同期によりアップロードされたことが記録されています。

```
Completed 19.8 KiB/19.8 KiB (376.9 KiB/s) with 1 file(s) remaining
upload: ../../home/ssm-user/work/s3sync.log to s3://sync-test2020/s3sync.log
```

Linuxサーバーを
モニタリングしてみよう

Chapter. 11 Linuxサーバーをモニタリングしてみよう

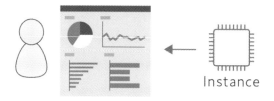

Instance

　Linuxサーバーの状態をモニタリングにより知ることは重要です。モニタリングによって、今はサーバーがまだまだ問題なく処理ができる状態なのか、ユーザーに対して最適なパフォーマンスを保てているのか、過剰な状態で無駄が生じていないのか、セキュリティ驚異は発生していないのか、などを知ることができます。

　この章ではEC2インスタンスのモニタリングについて確認します。

11.1 CPU、メモリ、プロセスの状況を確認してみよう

11.1.1 topコマンドで実行中のプロセスを確認してみよう

topコマンドを使って、実行中のプロセスをリアルタイムにモニタリングできます。実行してみましょう。

```
$ top
```

```
top - 16:26:36 up 14:12,  0 users,  load average: 0.00, 0.00, 0.00
Tasks:  82 total,   1 running,  45 sleeping,   0 stopped,   0 zombie
%Cpu(s):  0.0 us,  0.0 sy,  0.0 ni,100.0 id,  0.0 wa,  0.0 hi,  0.0 si,  0.0 st
KiB Mem : 1007276 total,   489236 free,    84388 used,   433652 buff/cache
KiB Swap:        0 total,        0 free,        0 used.   767840 avail Mem

  PID USER      PR  NI    VIRT    RES    SHR S %CPU %MEM     TIME+ COMMAND
 8168 root      20   0  397648  16928  11160 S  0.3  1.7   0:00.67 ssm-session-wor
    1 root      20   0  125608   5464   4016 S  0.0  0.5   0:07.46 systemd
    2 root      20   0       0      0      0 S  0.0  0.0   0:00.00 kthreadd
    4 root       0 -20       0      0      0 I  0.0  0.0   0:00.00 kworker/0:0H
    6 root       0 -20       0      0      0 I  0.0  0.0   0:00.00 mm_percpu_wq
    7 root      20   0       0      0      0 S  0.0  0.0   0:00.18 ksoftirqd/0
    8 root      20   0       0      0      0 I  0.0  0.0   0:01.22 rcu_sched
    9 root      20   0       0      0      0 I  0.0  0.0   0:00.00 rcu_bh
   10 root      rt   0       0      0      0 S  0.0  0.0   0:00.00 migration/0
   11 root      rt   0       0      0      0 S  0.0  0.0   0:00.11 watchdog/0
   12 root      20   0       0      0      0 S  0.0  0.0   0:00.00 cpuhp/0
   14 root      20   0       0      0      0 S  0.0  0.0   0:00.00 kdevtmpfs
   15 root       0 -20       0      0      0 I  0.0  0.0   0:00.00 netns
```

CPU使用率が高い順にプロセスを表示し、3秒ごとに更新します。終了する時は q キーを押下します。

表示間隔は、-dオプションで指定できます。表示回数は、-nオプションで制限できます。

CPUやメモリの使用状況を確認することができます。
CPUやメモリが逼迫しているときにどのプロセスが原因なのかを調べることができます。

一覧の表示項目は以下の通りです。

項目	内容
PID	プロセスID
USER	ユーザー名
PR	プロセス優先度
NI	ナイス値プロセス優先度
VIRT	メモリ使用サイズ (kb)
RES	実メモリ使用サイズ (kb)
SHR	共有メモリサイズ (kb)
S	プロセス状態
%CPU	CPU使用率
%MEM	メモリ使用率
TIME+	プロセス稼働時間
COMMAND	プロセス実行コマンド

11.1.2 freeコマンドでメモリの利用状況を確認してみよう

freeコマンドを使って、メモリの状況を確認できます。オプション-mはMB単位でのサイズ指定です。

```
$ free -m
```

```
sh-4.2$ free -m
              total        used        free      shared  buff/cache   available
Mem:            983          82         476           0         424         749
Swap:             0           0           0
```

出力項目は以下の通りです。

項目	内容
total	物理的なメモリサイズ
used	使用しているメモリサイズ
free	空きメモリサイズ
shared	共有メモリ割り当てサイズ
buff/cache	バッファキャッシュに割り当てたメモリ
available	利用可能サイズ

11.2 **CloudWatchメトリクスとLogsの機能を知ろう**

11.2.1 プロセスの確認はpsコマンド

今実行されているプロセスを確認できます。-auxオプションですべてのユーザーのプロセスを詳細情報とあわせて表示できます。

```
$ ps -aux
```

プロセスIDを調べたいだけの場合などは -axオプションで実行します。

```
$ ps -ax
```

```
PID TTY       STAT   TIME COMMAND
   1 ?          Ss     0:07 /usr/lib/systemd/systemd --switched-root --system
--deserialize 22
   2 ?          S      0:00 [kthreadd]
   4 ?          I<     0:00 [kworker/0:0H]
   6 ?          I<     0:00 [mm_percpu_wq]
   7 ?          S      0:00 [ksoftirqd/0]
   8 ?          I      0:01 [rcu_sched]
   9 ?          I      0:00 [rcu_bh]
  10 ?          S      0:00 [migration/0]

~省略~

3181 ?          S      0:00 qmgr -l -t unix -u
3227 ?          Ssl    0:16 /usr/bin/amazon-ssm-agent
3231 ?          Ssl    0:02 /usr/sbin/rsyslogd -n
3247 ?          Ss     0:00 /usr/sbin/crond -n
3250 ?          Ss     0:00 /usr/sbin/atd -f
3299 tty1       Ss+    0:00 /sbin/agetty --noclear tty1 linux
3300 ttyS0      Ss+    0:00 /sbin/agetty --keep-baud 115200,38400,9600 ttyS0 vt220
3400 ?          Ss     0:00 /usr/sbin/sshd -D
3439 ?          Ss     0:00 /usr/sbin/acpid
5922 ?          S      0:00 pickup -l -t unix -u
7456 ?          I      0:00 [kworker/u30:0]
8168 ?          Sl     0:02 /usr/bin/ssm-session-worker yamashita-
065b4f9d9797686fa i-0aae4ecd6e997c545
8179 pts/0      Ss     0:00 sh
9363 ?          I      0:00 [kworker/0:0]
```

多くのプロセスが起動しています。出力をスクロールしたり、検索したりする場合は、結果をパイプ(|)でlessコマンドに渡します。

```
$ ps -aux | less
```

終了させたいプロセスがある場合は、killコマンドで終了します。

```
$ kill <PID>
```

11.2.2 CloudWatch 標準メトリクス

EC2インスタンスの情報はCloudWatchというサービスによって、起動した直後からモニタリングがはじまっています。どのような情報がモニタリングされているのか確認しましょう。

マネジメントコンソールのサービス検索で、「cloudwatch」と入力して、CloudWatch のダッシュボードにアクセスします。

CloudWatchでは、各リソースの状態をメトリクスという数値情報でモニタリングしています。

右側に [EC2] というリンクがありますので選択します。

次に［インスタンス別メトリクス］というリンクがあらわれたのでこちらも選択します。

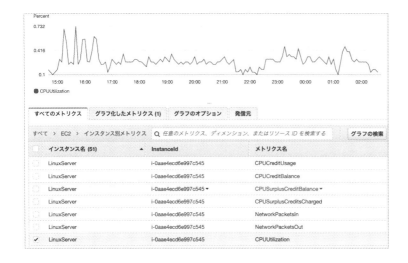

EC2インスタンスの様々な情報があります。

EC2インスタンスのCPUUtilization（CPU使用率）を選択したグラフです。

EC2インスタンスのメトリクスは次のような情報が収集されています。

メトリクス名	内容
CPUUtilization	CPU 使用率
NetworkPacketsIn	インスタンスによって受信されたパケットの数
NetworkPacketsOut	インスタンスから送信されたパケットの数
NetworkIn	インスタンスへの受信ネットワークトラフィック量
NetworkOut	インスタンスからの送信ネットワークトラフィック量
StatusCheckFailed	インスタンスとシステムのステータスチェック失敗回数
StatusCheckFailed_Instance	インスタンスのステータスチェック失敗回数
StatusCheckFailed_System	システムステータスチェック失敗回数
CPUCreditUsage	消費された CPU クレジットの数
CPUCreditBalance	蓄積した獲得 CPU クレジットの数
CPUSurplusCreditBalance	CPUCreditBalance を超えて消費されたクレジットの数
CPUSurplusCreditsCharged	追加料金対象となった消費クレジットの数

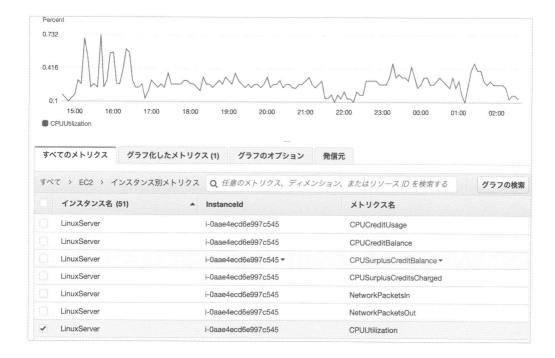

ディスクの使用状況はEBSというサービスのメトリクスで見ます。

メトリクス名	内容
VolumeReadBytes	読み取りオペレーションにおける転送バイト総数
VolumeWriteBytes	書き込みオペレーションにおける転送バイト総数
VolumeReadOps	読み取りオペレーションの総数
VolumeWriteOps	書き込みオペレーションの総数
VolumeTotalReadTime	読み取りオペレーションに要した時間の合計
VolumeTotalWriteTime	書き込みオペレーションに要した時間の合計
VolumeIdleTime	読み取りも書き込みもなかった時間の合計
VolumeQueueLength	完了を待っていたリクエストの数

CPUクレジットについて

　t2, t3はCPUのベースラインが決まっていて、t2.microの場合は10%です。ベースラインを超えるときは、CPUクレジットが必要です。CPUクレジットは、CPU使用率がCPUベースラインを下回っているときに蓄積されます。CPUクレジットはEC2インスタンスを停止した時にリセットされます。

　CPUクレジットがなくてもベースラインを超えることができる、Unlimitedオプションもあります。

　UnlimitedオプションによりCPUクレジット残高がないときに消費されたCPUクレジットはマイナス扱いとなり、その後ベースラインを下回っている間に蓄積されるCPUクレジットが充当されます。

　マイナスのままEC2インスタンスを停止、終了すると、Unlimitedによって消費されたCPUクレジットに対して課金が発生します。

11.2.3 CloudWatch カスタムメトリクス

　標準メトリクスでは、メモリの使用量やディスクの空き容量は収集されていません。これは、EC2インスタンスのオペレーティングシステムはユーザーが管理する範囲にあります。オペレーティングシステムを自由にフルコントロールできる反面、その管理はユーザー自身がしなければなりません。

　EC2インスタンスのOSの、メモリの使用量やディスク空き容量もCloudWatchエージェントというプログラムをインストールすることによって収集できます。このようにユーザーが任意で収集したメトリクスをカスタムメトリクスと言います。

　EC2インスタンスのカスタムメトリクスの収集方法は、次の項のCloudWatch Logsと共通のCloudWatchエージェントをEC2インスタンスにインストールして行うので、次の項でまとめて説明します。

> 必要に応じてカスタムメトリクスを収集しましょう！

11.2.4 CloudWatch Logs

ファイル操作で、いくつかのログファイルを確認しました。管理しているEC2インスタンスが少ないうちは、1つ1つのインスタンスで確認してもなんとかなるかもしれません。

ですが、管理するEC2インスタンスが増えてきたり、AutoScalingという機能を使って、過剰なEC2インスタンスを自動終了するようになれば、そのEC2インスタンスのログは確認できなくなる、または確認し辛くなります。

そこで、オペレーティングシステムや、アプリケーションのログをCloudWatchに書き出す機能が、CloudWatch Logsです。

CloudWatch logsはカスタムメトリクス同様に、CloudWatch AgentをEC2インスタンスにインストールすることによって、収集できます。CloudWatch Agentのインストール方法を説明します。

CloudWatch向けのアクセス権限を設定してみよう

EC2インスタンス上のAcloudWatchエージェントがCloudWatchに書き込む際の権限を、IAMロールを介して設定します。マネジメントコンソールでIAMダッシュボードにアクセスします。

左のナビゲーションペインから、[ロール]を選択して、右のIAMロール一覧から、LinuxRoleを選択します。[ポリシーをアタッチします]ボタンを押下します。

[ポリシーのフィルター]で「CloudWatchAgent」で検索して、結果からCloudWatchAgentAdminPolicy
ポリシーを選択して、[ポリシーのアタッチ]ボタンを押下します。

アタッチされました。

CloudWatch Agentをインストールしてみよう

CloudWatch AgentはSystems Managerのランコマンド機能を使ってインストールします。
マネジメントコンソールでSystems Managerにアクセスします。

左のナビゲーションペインで、[Run Command（コマンドの実行）]を探して選択します。
右ペインで[コマンドを実行する]ボタンを押下します。

コマンドドキュメントの選択で、「AWS-ConfigureAWSPackage」を選択します。

ドキュメントのバージョンはデフォルトのまま下にスクロールします。

コマンドのパラメータセクションでは、Action は Install を選択します。Installation Type は、Uninstall and reinstallを選択します。Nameは「AmazonCloudWatchAgent」を入力します。Versionには「latest」を入力します。

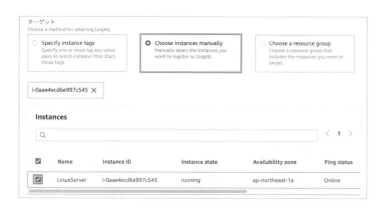

ターゲットセクションでは、[Choose instances manually] を選択して、Instancesで現在起動している EC2インスタンスを選択します。

　出力オプションのセクションでは、[S3バケットへの書き込みを有効化する]のチェックを外します(今回は検証なので外しました)。一番下までスクロールして、[実行]ボタンを押下します。

　少しすると、ステータスが成功になって終わります。

CloudWatchAgentを設定してみよう

　セッションマネージャでターミナルに接続して実行します。amazon-cloudwatch-agent-config-wizard を実行します。

```
$ sudo /opt/aws/amazon-cloudwatch-agent/bin/amazon-cloudwatch-agent-config-wizard
```

```
===========================================================
= Welcome to the AWS CloudWatch Agent Configuration Manager =
===========================================================
On which OS are you planning to use the agent?
1. linux
2. windows
default choice: [1]:
```

　1のまま Enter で次へ進みます。

```
Trying to fetch the default region based on ec2 metadata...
Are you using EC2 or On-Premises hosts?
1. EC2
2. On-Premises
default choice: [1]:
```

1のまま [Enter] で次へ進みます。

```
Which user are you planning to run the agent?
1. root
2. cwagent
3. others
default choice: [1]:
```

1のまま [Enter] で次へ進みます。

```
Do you want to turn on StatsD daemon?
1. yes
2. no
default choice: [1]:
```

1のまま [Enter] で次へ進みます。

```
Which port do you want StatsD daemon to listen to?
default choice: [8125]
```

デフォルトのまま [Enter] で次へ進みます。

```
What is the collect interval for StatsD daemon?
1. 10s
2. 30s
3. 60s
default choice: [1]:
```

1のまま [Enter] で次へ進みます。

```
What is the aggregation interval for metrics collected by StatsD daemon?
1. Do not aggregate
2. 10s
3. 30s
4. 60s
default choice: [4]:
```

4のまま Enter で次へ進みます。

```
Do you want to monitor metrics from CollectD?
1. yes
2. no
default choice: [1]:
```

1のまま Enter で次へ進みます。

```
Do you want to monitor any host metrics? e.g. CPU, memory, etc.
1. yes
2. no
default choice: [1]:
```

1のまま Enter で次へ進みます。

```
Do you want to monitor cpu metrics per core? Additional CloudWatch charges may apply.
1. yes
2. no
default choice: [1]:
```

1のまま Enter で次へ進みます。

```
Do you want to add ec2 dimensions (ImageId, InstanceId, InstanceType,
AutoScalingGroupName) into all of your metrics if the info is available?
1. yes
2. no
default choice: [1]:
```

1のまま Enter で次へ進みます。

```
Would you like to collect your metrics at high resolution (sub-minute resolution)?
This enables sub-minute resolution for all metrics, but you can customize for specific
metrics in the output json file.
1. 1s
2. 10s
3. 30s
4. 60s
default choice: [4]:
```

4のまま [Enter] で次へ進みます。

```
Which default metrics config do you want?
1. Basic
2. Standard
3. Advanced
4. None
default choice: [1]:
```

1のまま [Enter] で次へ進みます。

```
Are you satisfied with the above config? Note: it can be manually customized after
the wizard completes to add additional items.
1. yes
2. no
default choice: [1]:
```

1のまま [Enter] で次へ進みます。

```
Do you have any existing CloudWatch Log Agent (http://docs.aws.amazon.com/AmazonCloudWatch/
latest/logs/AgentReference.html) configurationfile to import for migration?
1. yes
2. no
default choice: [2]:
```

2のまま [Enter] で次へ進みます。

```
Do you want to monitor any log files?
1. yes
2. no
```

```
default choice: [1]:
```

1のまま Enter で次へ進みます。

```
Log filc path:
/var/log/messages
```

どのログファイルを対象にするか聞かれるので、**/var/log/messages**を入力して Enter で次へ進みます。

```
Log group name:
default choice: [messages]
```

Log group nameを聞かれるので、**messages**のまま、Enter で次へ進みます。

```
Log stream name:
default choice: [{instance_id}]
```

Log stream nameを聞かれるので、デフォルトのインスタンス**ID**のまま、Enter で次へ進みます。

```
Do you want to specify any additional log files to monitor?
1. yes
2. no
default choice: [1]:
2
```

別のログファイルもモニタリングするか聞かれるので、今回は**messages**だけにします。
2を入力して Enter で次へ進みます。

```
Please check the above content of the config.
The config file is also located at /opt/aws/amazon-cloudwatch-agent/bin/config.json.
Edit it manually if needed.
Do you want to store the config in the SSM parameter store?
1. yes
2. no
default choice: [1]:
```

設定内容を**Systems Manager**パラメータストアに書き込むか聞かれるので、デフォルトのまま Enter で次へ進みます。

```
What parameter store name do you want to use to store your config? (Use 'AmazonCloudWatch-' prefix
if you use our managed AWS policy)
default choice: [AmazonCloudWatch-linux]
```

　パラメータストアに書き込む名前を聞かれるので、デフォルトのAmazonCloudWatch-linuxのまま Enter で次へ進みます。

```
Trying to fetch the default region based on ec2 metadata...
Which region do you want to store the config in the parameter store?
default choice: [ap-northeast-1]
```

　リージョンが聞かれます。デフォルトで東京リージョン（ap-northeast-1）なので、Enter で次へ進みます。

```
Which AWS credential should be used to send json config to parameter store?
1. xxxxxxxxxxxxxxxxxxxx(From SDK)
2. Other
default choice: [1]:
```

　どの権限でパラメータストアに書き込むか聞かれるので、デフォルトのまま Enter で次へ進みます。

```
Successfully put config to parameter store AmazonCloudWatch-linux.
Program exits now.
```

　成功しました。

必要パッケージのインストール方法

```
$ sudo amazon-linux-extras install -y epel
$ sudo yum -y install collectd
```

　collectdをインストールするために、epelパッケージをインストールします。

CloudWatch Agentを起動してみよう

　CloudWatch AgentはSystems Managerのランコマンド機能を使ってCloudWatch Agentの起動を行います。マネジメントコンソールでSystems Managerにアクセスします。

左のナビゲーションペインで、[Run Command（コマンドの実行）] を探して選択します。
右ペインで [コマンドを実行する] ボタンを押下します。

フィルターで「AmazonCloudWatch-ManageAgent」を検索して、選択します。
ドキュメントのバージョンはデフォルトのままにします。

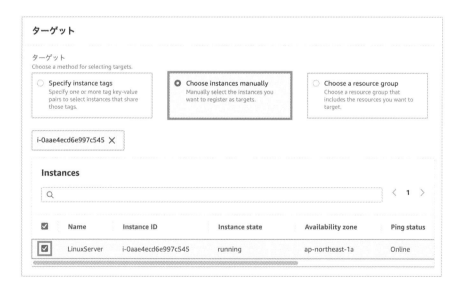

コマンドのパラメータ

Action
The action CloudWatch Agent should take.

`configure ▼`

Mode
Controls platform-specific default behavior such as whether to include EC2 Metadata in metrics.

`ec2 ▼`

Optional Configuration Source
Only for 'configure' action. Store of the configuration. For CloudWatch Agent's defaults, use 'default'

`ssm ▼`

Optional Configuration Location
Only for 'configure' actions. Required if loading CloudWatch Agent config from other locations except 'default'. The value is like ssm parameter store name for ssm config source.

`AmazonCloudWatch-linux`

Optional Restart
Only for 'configure' actions. If 'yes', restarts the agent to use the new configuration. Otherwise the new config will only apply on the next agent restart.

`yes ▼`

コマンドのパラメータセクションを以下で設定をします。

- **Action: Configure**
- **Mode: ec2**
- **Option Configuration Source: ssm**
- **Option Configuration Location: AmazonCloudWatch-linux**
- **Optional Restart: yes**

ターゲット

ターゲット
Choose a method for selecting targets.

○ **Specify instance tags**
Specify one or more tag key-value pairs to select instances that share those tags.

● **Choose instances manually**
Manually select the instances you want to register as targets.

○ **Choose a resource group**
Choose a resource group that includes the resources you want to target.

`i-0aae4ecd6e997c545 ✕`

Instances

🔍   ‹ 1 ›

☑	Name	Instance ID	Instance state	Availability zone	Ping status
☑	LinuxServer	i-0aae4ecd6e997c545	running	ap-northeast-1a	Online

ターゲットセクションでは、[Choose instances manually] を選択して、Instancesで現在起動している
EC2インスタンスを選択します。

Chapter.11 / Linuxサーバーをモニタリングしてみよう

　出力オプションのセクションでは、[S3バケットへの書き込みを有効化する] のチェックを外します（今回は検証なので外しました）。一番下までスクロールして、[実行] を押下します。

[成功] が表示されれば完了です。

　少しすると、ログデータの反映が始まります。

動作を確認したかっただけですので、ログの保持期間は[次の期間経過後にイベントを失効]列を選択して、1日に変更しておきましょう。

メトリクスもログもCloudWatchでまとめてモニタリングしよう！

11.3 CloudWatchでアラームとダッシュボードを設定してみよう

11.3.1 CloudWatchのアラーム設定方法

指定したメトリクスの条件に基づいて、メール通知を行ったり、自動化処理に連携したり、CloudWatchのアラームが設定できます。必要に応じて設定します。

11.3.2 CloudWatch ダッシュボード

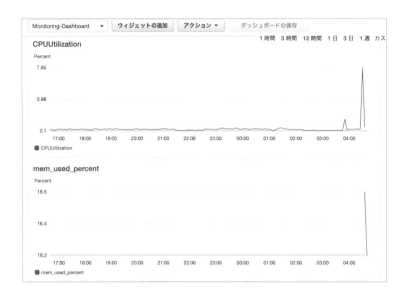

メトリクスメニューから都度見なくても、ダッシュボードとして定義しておくことができます。

11.4 CloudWatchログとアラームを使ったモニタリング

CloudWatchログとアラームを使った監視の例としまして、secureログをモニタリングするケースを作成します。CloudWatchに出力したログに対して、発生回数をモニタリングしたい場合などに設定します。

まず、CloudWatch Logsの出力対象に /var/log/secure ファイルを追加します。

Systems Manager のコンソール左ペインで、[パラメータストア] を選択します。
[AmazonCloudWatch-linux] リンクを選択します。

AmazonCloudWatch-linux

編集　削除

概要　履歴　タグ

[編集]ボタンを押下します。

値

```
"logs": {
    "logs_collected": {
        "files": {
            "collect_list": [
                {
                    "file_path": "/var/log/messages",
                    "log_group_name": "messages",
                    "log_stream_name": "{instance_id}"
                },
                {
                    "file_path": "/var/log/secure",
                    "log_group_name": "secure",
                    "log_stream_name": "{instance_id}"
                }
            ]
        }
    }
},
```

最大長は 4096 文字です。

キャンセル　変更の保存

以下を追加します。1行目のカンマも忘れないように追加します。

```
,
{
    "file_path": "/var/log/secure",
    "log_group_name": "secure",
    "log_stream_name": "{instance_id}"
}
```

　対象は/var/log/secureで、ロググループ名を secure、ログストリームにEC2インスタンスのインスタンスID を指定しました。[変更の保存]ボタンを押下します。

左のナビゲーションペインで、[Run Command（コマンドの実行）]を探して選択します。
右ペインで[コマンドを実行する]ボタンを押下します。

フィルターで「AmazonCloudWatch-ManageAgent」で検索して、選択します。
ドキュメントのバージョンはデフォルトのままにします。

コマンドのパラメータセクションを以下で設定をします。

- **Action: Configure**
- **Mode: ec2**
- **Option Configuration Source: ssm**
- **Option Configuration Location: AmazonCloudWatch-linux**
- **Optional Restart: yes**

ターゲットセクションでは、[Choose instances manually] を選択して、Instancesで現在起動している
EC2インスタンスを選択します。

Chapter.11 ／ Linuxサーバーをモニタリングしてみよう

▼ 出力オプション

コマンド出力の Amazon S3 バケットへの書き込み
完全な出力を S3 バケットに送信します。コンソールでは、出力の最後の 2500 文字のみが表示されます。
☐ S3 バケットへの書き込みを有効化する

コマンド出力を Amazon CloudWatch Logs に書き込む
完全な出力を CloudWatch Logs に送信します。
☐ CloudWatch 出力

出力オプションのセクションでは、[S3バケットへの書き込みを有効化する]のチェックを外します(今回は検証なので外しました)。一番下までスクロールして、[実行] ボタンを押下します。

コマンド ID: 511207a9-dfbe-4acf-8893-cd9c0c4b15fa

↻ コマンドのキャンセル コマンドの再実行 New

コマンドのステータス

全体的なステータス	詳細なステータス	ターゲット数	完了数	エラー数	配信のタイムアウト数
⊘ 成功	⊘ 成功	1	1	0	0

ターゲットと出力

[出力の表示]

🔍 [   ]   ‹ 1 ›

	インスタンス ID	インスタンス名	ステータス	開始時刻	終了時刻
○	i-0aae4ecd6e997c545	ip-172-31-45-84.ap-northeast-1.compute.internal	⊘ 成功	Sat, 30 Nov 2019 19:34:51 GMT	Sat, 30 Nov 2019 19:34:51 GMT

[成功] が表示されれば完了です。

メトリクスフィルターの作成 | アクション ∨

フィルター: ロググループ名のプレフィックス ×

	ロググループ	インサイト	次の期間経過後にイベントを失効
○	RDSOSMetrics	調査	
○	messages	調査	
●	secure	調査	

保持期間の編集 ✕

保持期間: 1日 ⬍

キャンセル OK

CloudWatchにアクセスして、少し待って更新するとsecureログデータが反映されます。

設定手順を確認するだけですので、ログの保持期間は [次の期間経過後にイベントを失効] 列を選択して、1日に変更しておきましょう。

20:09:00	Mar 11 20:09:00 ip-172-31-45-84 sshd[6598]: Invalid user test from
20:09:00	Mar 11 20:09:00 ip-172-31-45-84 sshd[6598]: input_userauth_reque
20:09:05	Mar 11 20:09:00 ip-172-31-45-84 sshd[6598]: Connection closed by
20:09:07	Mar 11 20:09:07 ip-172-31-45-84 sshd[6605]: Invalid user admin fro
20:09:07	Mar 11 20:09:07 ip-172-31-45-84 sshd[6605]: input_userauth_reque
20:09:12	Mar 11 20:09:07 ip-172-31-45-84 sshd[6605]: Connection closed by

例えば、Linuxに存在しないユーザーがログインしようとしたときは、「Invalid user」というログが出力されます。このようなログが頻発するということは、サーバーが何らかの驚異にさらされているかもしれません。

そこで、「Invalid user」という文字列がログに出現した際に、メールを送信するように設定します。

ロググループ一覧に戻り、対象のロググループを選択し、[メトリクスフィルターの作成] ボタンを押下します。

[フィルターパターン] に抽出したい文字列を入力して、[メトリクスの割り当て] ボタンを押下します。

[パターンのテスト] ボタンで意図したフィルターができているか確認しておくこともできます。

メトリクスフィルターの作成とメトリクスの割り当て

ロググループのフィルター: secure

ログイベントが定義したパターンと一致すると、指定したメトリックスに記録されます。メトリックスをグラフ表示でき、メトリックスにアラームを設定して通知することもできます。

フィルター名: Invalid-user

フィルターパターン: Invalid user

メトリクスの詳細

メトリクス名前空間: LogMetrics　既存の名前空間の選択

メトリクス名: Invalid-user

メトリクスの詳細設定の表示

キャンセル　戻る　**フィルターの作成**

メトリクス名、フィルター名を入力します。この例では、Invalid-userとしました。

[フィルターの作成] ボタンを押下します。

メトリクスフィルターが作成できました。CPU使用率など他のメトリクス同様に数値情報として扱われます。
secure ログに「Invalid user」が一度出現すると、1メトリクスとして記録します。
このまま [アラームの作成] ボタンを押下します。

メトリクスと条件の指定

メトリクス

編集

グラフ

This alarm will trigger when the blue line goes 上回る the red line for 1 datapoints within 5 分.

名前空間
LogMetrics

メトリクス名
Invalid-user

統計
Q 合計   ✕

期間
5 分   ▼

Invalid-user

1分間隔の合計値としました。

しきい値の条件を1以上としました。[次へ]ボタンを押下します。

通知では、メール送信の設定をします。

[アラーム状態]を選択して、[新しいトピックの作成]を選択して、メールアドレスを入力します。

[トピックの作成]ボタンを押下します。

[次へ]ボタンを押下します。

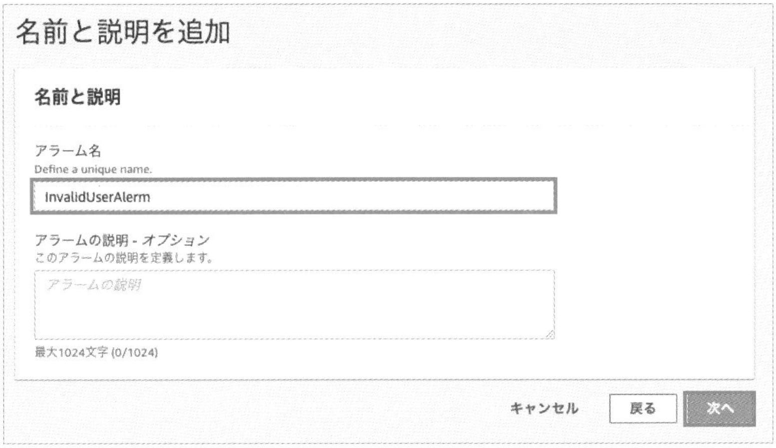

名前と説明を追加

名前と説明

アラーム名
Define a unique name.

InvalidUserAlerm

アラームの説明 - オプション
このアラームの説明を定義します。

アラームの説明

最大1024文字 (0/1024)

キャンセル　　戻る　　次へ

[アラーム名]を入力して、[次へ]ボタンを押下します。

ステップ 2: アクションの設定　　　　　　　　　　　　　　　Edit

アクション

通知
アラーム状態のとき、「Default_CloudWatch_Alarms_Topic」に通知を送信します

ステップ 3: 名前と説明の追加　　　　　　　　　　　　　　　Edit

名前と説明

名前
InvalidUserAlerm

説明
-

キャンセル　　戻る　　アラームの作成

確認画面になるので、下までスクロールして、[アラームの作成]ボタンを押下します。

「一部サブスクリプションが確認待ちの状態です」と表示されています。
設定したメールアドレスの受信メールを確認します。

確認のメールが届いていますので、[Confirm subscription] リンクを選択します。

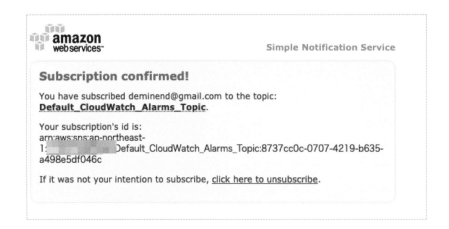

メールアドレスがアラームメールの通知先として確認されました。

　クライアントから、EC2インスタンスに対して存在しないユーザー（admin など）で、SSHログインを何度か試してみます。（SSHログインの手順は第3章を参照してください。）

ログのフィルターパターンに一致して、アラームの状態になりました。

ALARM: "InvalidUserAlerm" in Asia Pacific (Tokyo) 受信トレイ ×

AWS Notifications <no-reply@sns.amazonaws.com>   23.46 (0 分前) ☆ ↩ ⋮
To 自分 ▾

文A 英語 ▾   〉 日本語 ▾   メッセージを翻訳   次の言語で無効にする: 英語 ×

You are receiving this email because your Amazon CloudWatch Alarm "InvalidUserAlerm" in the Asia Pacific (Tokyo) region has entered the ALARM state,
because "Threshold Crossed: 1 out of the last 1 datapoints [4.0 (11/03/20 14:45:00)] was greater than or equal to the threshold (1.0) (minimum 1 datapoint for
OK -> ALARM transition)." at "Wednesday 11 March, 2020 14:46:14 UTC".

View this alarm in the AWS Management Console:
https://ap-northeast-1.console.aws.amazon.com/cloudwatch/home?region=ap-northeast-1#s=Alarms&alarm=InvalidUserAlerm

Alarm Details:
- Name: InvalidUserAlerm
- Description:
- State Change: INSUFFICIENT_DATA -> ALARM
- Reason for State Change: Threshold Crossed: 1 out of the last 1 datapoints [4.0 (11/03/20 14:45:00)] was greater than or equal to the threshold (1.0)
(minimum 1 datapoint for OK -> ALARM transition).
- Timestamp: Wednesday 11 March, 2020 14:46:14 UTC
- AWS Account:

Threshold:
- The alarm is in the ALARM state when the metric is GreaterThanOrEqualToThreshold 1.0 for 60 seconds.

Monitored Metric:
- MetricNamespace: LogMetrics
- MetricName: Invalid-user
- Dimensions:
- Period: 60 seconds
- Statistic: Sum
- Unit: not specified
- TreatMissingData: missing

State Change Actions:
- OK:
- ALARM: [arn:aws:sns:ap-northeast-1   :Default_CloudWatch_Alarms_Topic]
- INSUFFICIENT_DATA:

通知メールが受信されました。

 **rsyslog**

Amazon Linux2では、システムログの出力にrsyslogが使用されています。
rsyslogの出力対象ファイルなどは、/etc/rsyslog.confに設定されています。

```
$ sudo cat /etc/rsyslog.conf

# rsyslog configuration file

# For more information see /usr/share/doc/rsyslog-*/rsyslog_conf.html
# If you experience problems, see http://www.rsyslog.com/doc/troubleshoot.html

#### MODULES ####

# The imjournal module bellow is now used as a message source instead of imuxsock.
$ModLoad imuxsock # provides support for local system logging (e.g. via logger command)
$ModLoad imjournal # provides access to the systemd journal
#$ModLoad imklog # reads kernel messages (the same are read from journald)
#$ModLoad immark  # provides --MARK-- message capability

# Provides UDP syslog reception
#$ModLoad imudp
#$UDPServerRun 514

# Provides TCP syslog reception
#$ModLoad imtcp
#$InputTCPServerRun 514


#### GLOBAL DIRECTIVES ####

# Where to place auxiliary files
$WorkDirectory /var/lib/rsyslog

# Use default timestamp format
$ActionFileDefaultTemplate RSYSLOG_TraditionalFileFormat

# File syncing capability is disabled by default. This feature is usually not required,
# not useful and an extreme performance hit
#$ActionFileEnableSync on

# Include all config files in /etc/rsyslog.d/
$IncludeConfig /etc/rsyslog.d/*.conf

# Turn off message reception via local log socket;
# local messages are retrieved through imjournal now.
```

```
$OmitLocalLogging on

# File to store the position in the journal
$IMJournalStateFile imjournal.state


#### RULES ####

# Log all kernel messages to the console.
# Logging much else clutters up the screen.
#kern.*                                               /dev/console

# Log anything (except mail) of level info or higher.
# Don't log private authentication messages!
*.info;mail.none;authpriv.none;cron.none             /var/log/messages

# The authpriv file has restricted access.
authpriv.*                                           /var/log/secure

# Log all the mail messages in one place.
mail.*                                              -/var/log/maillog


# Log cron stuff
cron.*                                               /var/log/cron

# Everybody gets emergency messages
*.emerg                                              :omusrmsg:*

# Save news errors of level crit and higher in a special file.
uucp,news.crit                                       /var/log/spooler

# Save boot messages also to boot.log
local7.*                                             /var/log/boot.log


# ### begin forwarding rule ###
# The statement between the begin ... end define a SINGLE forwarding
# rule. They belong together, do NOT split them. If you create multiple
# forwarding rules, duplicate the whole block!
# Remote Logging (we use TCP for reliable delivery)
#
# An on-disk queue is created for this action. If the remote host is
# down, messages are spooled to disk and sent when it is up again.
#$ActionQueueFileName fwdRule1 # unique name prefix for spool files
#$ActionQueueMaxDiskSpace 1g   # 1gb space limit (use as much as possible)
#$ActionQueueSaveOnShutdown on # save messages to disk on shutdown
```

```
#$ActionQueueType LinkedList    # run asynchronously
#$ActionResumeRetryCount -1      # infinite retries if host is down
# remote host is: name/ip:port, e.g. 192.168.0.1:514, port optional
#*.* @@remote-host:514
# ### end of the forwarding rule ###
```

　最初のほうの「#### MODULES ####」セクションに$ModLoadとあります。どのモジュールを有効とするかを設定しています。「#」が先頭にある行はコメントアウトですので、無効に設定されています。

- **imuxsock**：有効。**logger**コマンドなどの出力をサポートします。
- **imjournal**：有効。**systemd**のジャーナルログをサポートします。
- **imklog**：無効。カーネルログをサポートします。
- **immark**：無効。マークを出力します。
- **imudp**：無効。**UDP**でメッセージを受信します。
- **imtcp**：無効。**TCP**でメッセージを受信します。

　「#### RULES ####」セクションに、どのメッセージをどのファイルに出力するかを定義しています。

　「$IncludeConfig /etc/rsyslog.d/*.conf」とありますので、/etc/rsyslog.dディレクトリの*.confも対象ファイルです。
　追加の設定があるときは、/etc/rsyslog.dディレクトリに作成することで、rsyslog.confを直接編集せずに、安全に追加設定ができます。
　cloud-initのログ設定も/etc/rsyslog.dディレクトリに あります。

```
$ ls /etc/rsyslog.d

21-cloudinit.conf   listen.conf

$ cat /etc/rsyslog.d/21-cloudinit.conf

# Log cloudinit generated log messages to file
:syslogtag, isequal, "[CLOUDINIT]" /var/log/cloud-init.log

# comment out the following line to allow CLOUDINIT messages through.
# Doing so means you'll also get CLOUDINIT messages in /var/log/syslog
& stop
```

何のログが出力されるかを知ってモニタリング対象を決めよう！

任意の実行ログを出力するときはloggerコマンド

　任意のログを出力するときは、loggerコマンドを実行します。loggerコマンドの出力は、/var/log/messagesに記録されます。

```
$ logger "test"
```

/var/log/messages

```
Mar 29 20:33:16 ip-172-31-45-84 ssm-user: test
```

ログファイルのローテーションとは

　1つのログファイルが肥大化することを防ぐために、ログファイルはローテーションされます。messagesログの例は次の通りです。

```
$ sudo ls /var/log | grep messages

messages
messages-20200308
messages-20200315
messages-20200322
messages-20200329
```

　ローテーションのルールは、/etc/logrotate.confで設定されています。

```
$ cat /etc/logrotate.conf

# see "man logrotate" for details
# rotate log files weekly
weekly

# keep 4 weeks worth of backlogs
rotate 4

# create new (empty) log files after rotating old ones
create

# use date as a suffix of the rotated file
dateext
```

```
# uncomment this if you want your log files compressed
#compress

# RPM packages drop log rotation information into this directory
include /etc/logrotate.d

# no packages own wtmp and btmp -- we'll rotate them here
/var/log/wtmp {
    monthly
    create 0664 root utmp
        minsize 1M
    rotate 1
}

/var/log/btmp {
    missingok
    monthly
    create 0600 root utmp
    rotate 1
}

# system-specific logs may be also be configured here.
```

　Amazon Linux2では、デフォルトで、1週間に1回ローテーションされて、過去のファイルは4世代保持されています。

> Linuxの出力ログ、CloudWatchなどAWSサービスの機能を組み合わせて効率的なモニタリングをしよう！

Linuxのセキュリティを
設定しよう

Instance

AWSでLinuxを触るために、これよりも前の章でも様々なセキュリティ設定を必要に応じて解説してきました。この章では、EC2インスタンスを守るためのセキュリティ設定についてまとめて整理します。

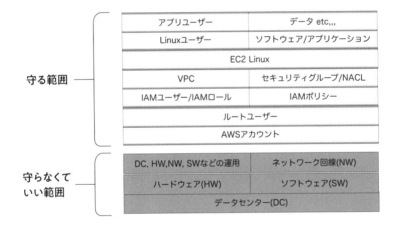

	アプリユーザー	データ etc,,,
守る範囲	Linuxユーザー	ソフトウェア/アプリケーション
	EC2 Linux	
	VPC	セキュリティグループ/NACL
	IAMユーザー/IAMロール	IAMポリシー
	ルートユーザー	
	AWSアカウント	
守らなくていい範囲	DC, HW,NW, SWなどの運用	ネットワーク回線(NW)
	ハードウェア(HW)	ソフトウェア(SW)
	データセンター(DC)	

EC2インスタンスのセキュリティ対象として、まずは守る範囲と、守らなくていい範囲に分けます。守らなくていい範囲は、私たちがコントロールできない範囲です。これはAWSがクラウドサービスを提供するために、運用管理している、データセンター施設、ハードウェア、ネットワーク回線、ソフトウェアなど、が該当します。

データセンターの物理的な警備や、データが保存されていたストレージデバイスの廃棄や、ネットワークの監視や保護、物理とソフトウェアレベルでの認証、などは、AWSが守る範囲です。私たちが手を出せる範囲ではありません。

AWSがこれらのリソースをどのように保護していて、それがどのように外部から監査されているか、マネジメントコンソールから、**AWS Artifact**にアクセスすることで、レポートを受け取ることもできますし、「AWS セキュリティプロセスの概要」ホワイトペーパーなどでも説明されています。

AWSを使うユーザーである私たちは、自分たちがコントロールできる守る範囲を知り、そのセキュリティに注力することができます。

これまでの章でも必要に応じて個別に解説してきましたが、EC2インスタンス上のLinux サーバーに対して守る要素のうち、代表的なものをこの章では解説します。

12.1 AWSアカウントとルートユーザー

2章の環境の準備でも解説しましたが、AWSアカウントはユーザーごとの個別の環境です。まずはAWSアカウントを守る必要があります。

12.1.1 ルートユーザーの運用について

ここで最も重要な要素は、ルートユーザーです。ルートユーザーはAWSアカウントにおけるすべての権限を持っていて、その権限を絞り込むことができません。

通常運用ではルートユーザーは使用しません。ルートユーザーにしかできない操作をする場合のみ使用します。ルートユーザーにしかできない主な操作は以下です。

- アカウント名、ルートユーザーメールアドレス、パスワードの変更
- **AWS**サポートプランの変更
- リザーブドインスタンスマーケットプレイスへの出品登録
- **CloudFront**キーペアの作成
- **S3**バケットへ**MFA Delete**の有効化
- **AWS**アカウントの解約

12.1.2 ルートユーザーへ**MFA**を追加しよう

2章で詳しく解説していますように、多要素認証（Multi Factor Authentication）を有効にします。

図ではMFAソフトウェアの例ですが、本番運用では専用のハードウェアデバイスを使用して、金庫に保管するなど物理的な保護もあわせるケースもあります。

12.1.3 ルートユーザーのパスワードを強固にしよう

特にルートユーザーのパスワードは強固なパスワードを設定してください。
筆者は16文字以上、大文字小文字数字記号を含むパスワードを設定しています。

あわせてアカウント全体のパスワードポリシーも設定しておきます。
各IAMユーザーにもパスワードポリシーが適用できます。

12.1.4 IAMユーザーの作成と請求情報へのアクセス許可

IAMユーザーに請求情報へのアクセスを許可し、管理用のIAMユーザーを作成します。詳細手順は第2章をご参照ください。

12.2 IAMユーザー、IAMポリシー、IAMロールを知ろう

12.2.1 IAMユーザーを作成しよう

第2章で作成したように管理ユーザーなど、マネジメントコンソールからの操作を必要とする場合、IAMユーザーを作成します。
このIAMユーザーはアクセス権限を絞り込むことができます。
「最低権限の原則」に従って、必要最小限の権限を設定するようにします。
権限はIAMポリシーで設定します。
複数のIAMユーザーを管理するときは、IAMグループを作成してまとめて管理します。

12.2.2 IAMポリシーってどんなもの？

IAMユーザー、IAMグループ、IAMロールには、IAMポリシーがアタッチできます。IAMポリシーには3種類あります。

- **AWS管理ポリシー：AWSが管理しているポリシー、アカウントにデフォルトで用意されているもの。**
- **管理ポリシー：ユーザーが作成する共有ポリシー。**
- **インラインポリシー：特定のユーザー、グループ、ロールのみにアタッチするポリシー。**

IAMユーザーにEC2の操作だけをしてほしいときには、AWS管理ポリシーのAmazonEC2FullAccessをアタッチします。

上記のAmazonEC2FullAccessの詳細画面からもわかるように、EC2だけではなく、EC2に関連する様々なサービスの権限が適用されています。また、EC2にはVPCの操作も含まれます。

では、このユーザーには、セキュリティグループの編集はしてほしくないとします。

これはあり得るケースですが、セキュリティグループでSSHやRDPのに対する送信元を、誰でも勝手に変更できてしまうという運用は避けたいケースがあります。

その場合には、あわせて、以下のような拒否（"Effect": "Deny"）ポリシーをアタッチします。

```
{
    "Version": "2012-10-17",
    "Statement": [
        {
            "Sid": "VisualEditor0",
            "Effect": "Deny",
            "Action": [
                "ec2:RevokeSecurityGroupIngress",
                "ec2:AuthorizeSecurityGroupEgress",
                "ec2:AuthorizeSecurityGroupIngress",
```

```
                    "ec2:UpdateSecurityGroupRuleDescriptionsEgress",
                    "ec2:CreateSecurityGroup",
                    "ec2:RevokeSecurityGroupEgress",
                    "ec2:DeleteSecurityGroup",
                    "ec2:UpdateSecurityGroupRuleDescriptionsIngress"
                ],
                "Resource": "*"
            }
        ]
}
```

そうすることで、新規セキュリティグループの作成や、既存セキュリティグループの変更は実行できないよう制御できます。

セキュリティグループを新規に作成しようとすると、拒否されます。

既存のセキュリティグループのルールを変更しようとすると、拒否されます。

作成ステータス

ⓘ 作成失敗
You are not authorized to perform this operation.
作成ログの非表示

セキュリティグループの作成　　　　　　　失敗　再試行

キャンセル　確認画面に戻る　失敗したタスクを再試行

EC2インスタンス新規作成時に、新たにセキュリティグループを作成しようとしたときも、拒否されます。
IAMは、許可と拒否で重複しているときは、拒否が優先されます。

ポリシーの作成　　　　　　　　　　　　　　　　　　　　　　　　　　　① 2

ポリシーにより、ユーザー、グループ、またはロールに割り当てることができる AWS アクセス権限が定義されます。ビジュアルエディタで JSON を使用
してポリシーを作成または編集できます。詳細はこちら

ビジュアルエディタ　JSON　　　　　　　　　　　　　　　　　　　管理ポリシーのインポート

すべて展開 | すべて折りたたむ

▼ EC2　　　　　　　　　　　　　　　　　　　　　　　　　　　クローン | 削除

　▶ サービス　EC2

　▼ アクション　許可されるアクションを EC2 で指定 ⓘ　　　アクセス権限の拒否に切り替え ⓘ
　　　閉じる　　Q フィルタアクション

　　　　　　　手動のアクション (アクションの追加)
　　　　　　　☐ すべての EC2 アクション (ec2:*)

　　　　　　　アクセスレベル　　　　　　　　　　　すべて展開 | すべて折りたたむ
　　　　　　　▶ ☐ リスト

IAMポリシーは JSON形式で記述しますが、マネジメントコンソールのビジュアルエディタを使用することで、
JSONフォーマットのポリシーを生成することもできます。

IAMポリシーで設定できる主要なJSON要素は以下です。

- **Action ; 個別のAPIアクションを指定することができます。**
- **Resouce : 対象リソースをARN(Amazon Resource Name)で指定することができます。**
- **arn:aws:サービス:リージョン:アカウント:タイプ/識別子**
  例 - arn:aws:ec2:us-east-1:111122223333:instance/instance-id
- **Condition : ポリシーを有効とする条件を定義できます。**
  例えば、特定IPアドレスからのアクセスや、特定リージョンのみなどです。

IAM ポリシーは必要最小限の範囲で設定しよう！

12.2.3 IAMロールってどんなもの？

第2章でのSystemsManagerへの接続や、第7章でのS3への接続のように、EC2にデプロイしたSDKを使用したプログラムやコマンドからAWSの他のサービスへの接続は、IAMロールを使用します。

IAMユーザー個別に作成できる、アクセスキーをEC2インスタンスに手動で保存することによって同じように、AWSのAPIサービスに対しての認証はできますが、この方法にはリスクがあります。

アクセスキー情報が万が一漏れてしまったときには、不正アクセスが発生する可能性があります。アクセスキーを手動で扱うということは、漏れてしまう可能性があります。

IAMロールを使用することで、自動で一時的なアクセスキーなど認証情報を、EC2に設定することができます。

私たちユーザーは、キー情報を知る必要がありませんし、自動で更新されますので、EC2インスタンス上のプログラムやコマンドに安全に認証を与えることができます。

以上の理由により、EC2ではIAMロールを使用することを推奨します。

12.3 CloudTrail、GuardDuty、VPC

12.3.1 CloudTrail、GuardDuty

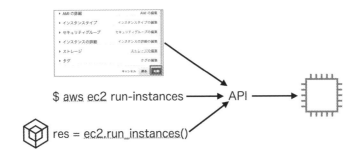

AWSアカウント上で行われるAWSサービスの操作はすべてAPIへのリクエストが実行されています。

もちろん、EC2インスタンスの起動も、マネジメントコンソールから [起動] ボタンを押下しても、AWS CLI（コマンドラインインターフェース）で、aws ec2 run-instancesを実行しても、PythonでAWS SDKを使って、ec2.run_instances()のようなコードを実行しても、すべてRunInstances APIにリクエストが送信されます。

このようなAPIリクエストとその結果と詳細を記録するのが、Cloud Trailです。

CloudTrailでは、追跡調査が行えます。AWSアカウントでデフォルトで記録されていますが、このログは7日間だけ有効です。

本番環境では証跡を作成して、必要な期間のCloudTrailログを収集してください。

CloudTrailや他の情報を自動的に調査して、悪意のある操作や、不正な動作を継続的にモニタリングして、上図のように驚異の発生をレポーティングしてくれるのが、GuardDutyです。

1クリックで開始することができます。

12.3.2 VPC、セキュリティグループ

VPC、セキュリティグループを使用してネットワークプレイヤーのセキュリティを設定します。次の13章で汎用的なケースを解説します。

12.4 Linuxサーバーのセキュリティを評価するには

使用するサービスは **Amazon Inspector** です。Amazon Inspector は EC2インスタンスに脆弱性がないかをチェックします。

マネジメントコンソールのサービス検索でAmazon Inspectorにアクセスします。

[今すぐ始める]ボタンを押下します。

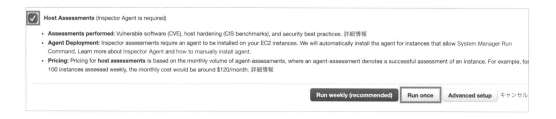

[Network Assessments]のチェックを外して、[Host Assessments]のチェックを入れた状態で、[Run once]を押下します。

より詳細な脆弱性チェックができるのが[Host Assessments]です。

本番環境であれば、[Run weekly]で毎週チェックしたほうがいいかもしれませんが、今回は動作を確認するためですので、[Run once]としています。

確認画面が表示されるので[OK]ボタンを押下します。

ターゲットとテンプレートが作成されて、評価の実行が始まりました。
所要時間は1時間となっているので後で結果を確認します。

およそ1時間後、結果がレポートされました。
コンプライアンス要件を満たさないとして多くの問題が見つかりました。

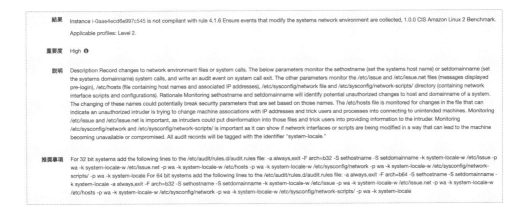

ルールパッケージに基づく要件を満たす必要がある場合は、レポート結果詳細を確認して設定修正を行っていきます。

12.5 Linuxサーバーのセキュリティ機能を知ろう

12.5.1 SUID

rootユーザーが所有者のプログラムファイルにSUIDを設定すると、そのコマンドを一般ユーザーが実行した場合でも、rootの権限で実行されます。特定のコマンドのSUIDが許可されない要件や、ポリシーに応じてパーミッションを変更します。

現在設定されているSUIIDは次のコマンドで抽出できます。

```
$ sudo find / -perm -u+s -ls

12934153    144 ---s--x--x   1 root    root       147240 Mar 13 06:23 /usr/bin/sudo
12934115     28 -rwsr-xr-x   1 root    root        27776 Feb 14 06:33 /usr/bin/passwd
12959900     32 -rwsr-xr-x   1 root    root        32032 Jul 27  2018 /usr/bin/su
12948775     64 -rwsr-xr-x   1 root    root        64160 Aug  1  2018 /usr/bin/chage
12948776     80 -rwsr-xr-x   1 root    root        78128 Aug  1  2018 /usr/bin/gpasswd
12948778     44 -rwsr-xr-x   1 root    root        41712 Aug  1  2018 /usr/bin/newgrp
12959885     36 -rwsr-xr-x   1 root    root        35952 Jul 27  2018 /usr/bin/mount
12959903     28 -rwsr-xr-x   1 root    root        27776 Jul 27  2018 /usr/bin/umount
13048436     60 -rwsr-xr-x   1 root    root        57504 Jan 16 09:55 /usr/bin/crontab
13118737     52 -rwsr-xr-x   1 root    root        52872 Jan 16 09:54 /usr/bin/at
13122420    204 ---s--x---   1 root    stapusr    208240 Dec 19 07:58 /usr/bin/staprun
14046223     24 -rwsr-xr-x   1 root    root        23496 Aug 14  2019 /usr/bin/pkexec
621786       12 -rwsr-xr-x   1 root    root        11152 Jul 28  2018 /usr/sbin/pam_timestamp_check
621788       36 -rwsr-xr-x   1 root    root        36176 Jul 28  2018 /usr/sbin/unix_chkpwd
763930       12 -rwsr-xr-x   1 root    root        11200 Oct  2  2019 /usr/sbin/usernetctl
764121       40 -rws--x--x   1 root    root        40248 Aug  1  2018 /usr/sbin/userhelper
787400      112 -rwsr-xr-x   1 root    root       113272 Aug 17  2018 /usr/sbin/mount.nfs
16817684     16 -rwsr-xr-x   1 root    root        15344 Aug 14  2019 /usr/lib/polkit-1/polkit-agent-helper-1
13048418     60 -rwsr-x---   1 root    dbus        57880 Jul 28  2018 /usr/libexec/dbus-1/dbus-daemon-launch-helper
```

SGID（グループ）が設定されているファイルは、次のコマンドで抽出できます。

```
$ sudo find / -perm -g+s -ls

12820106     16 -r-xr-sr-x   1 root    tty         15264 Aug  1  2018 /usr/bin/wall
12959910     20 -rwxr-sr-x   1 root    tty         19472 Jul 27  2018 /usr/bin/write
13122413    464 -rwxr-sr-x   1 root    screen     471144 Jul 28  2018 /usr/bin/screen
13118509    364 ---x--s--x   1 root    nobody     369712 Nov  8 09:25 /usr/bin/ssh-agent
13118523     40 -rwx--s--x   1 root    slocate     40432 Jul 28  2018 /usr/bin/locate
763925        8 -rwxr-sr-x   1 root    root         7040 Oct  2  2019 /usr/sbin/netreport
807213      256 -rwxr-sr-x   1 root    postdrop   259936 Aug  1  2018 /usr/sbin/postqueue
807206      212 -rwxr-sr-x   1 root    postdrop   214400 Aug  1  2018 /usr/sbin/postdrop
3028894      16 -rwx--s---   1 root    utmp        15488 Aug 16  2018 /usr/lib64/vte-2.91/gnome-pty-helper
689394       12 -rwx--s---   1 root    utmp        11128 Aug  1  2018 /usr/libexec/utempter/utempter
13048486    444 ---x--s--x   1 root    ssh_keys   453376 Nov  8 09:25 /usr/libexec/openssh/ssh-keysign
```

12.5. 2 sshd_config

第4章で追加ユーザーのSSH認証方法をキーペアからパスワード認証に変更する際に、編集したファイルが /etc/ssh/sshd_config です。SSH認証サーバーの設定ファイルです。

Amazon Linux2 のデフォルトでの設定を以下に記載します。「#」はコメントアウトです。sshd のデフォルトが使用されます。

確認コマンド

```
$ sudo cat /etc/ssh/sshd_config
```

以下が主な設定項目です。

```
# If you want to change the port on a SELinux system, you have to tell
# SELinux about this change.
# semanage port -a -t ssh_port_t -p tcp #PORTNUMBER
#
#Port 22
#AddressFamily any
#ListenAddress 0.0.0.0
#ListenAddress ::
```

ポート番号を22から変更する場合 **Port** のコメントアウトを外して変更します。

```
HostKey /etc/ssh/ssh_host_rsa_key
#HostKey /etc/ssh/ssh_host_dsa_key
HostKey /etc/ssh/ssh_host_ecdsa_key
HostKey /etc/ssh/ssh_host_ed25519_key
```

ホストの秘密鍵ファイルです。

```
# Authentication:

#LoginGraceTime 2m
#PermitRootLogin yes
#StrictModes yes
#MaxAuthTries 6
#MaxSessions 10
```

PermitRootLogin root ユーザーのログイン制御です。

```
#PubkeyAuthentication yes

# The default is to check both .ssh/authorized_keys and .ssh/authorized_keys2
# but this is overridden so installations will only check .ssh/authorized_keys
AuthorizedKeysFile .ssh/authorized_keys

#AuthorizedPrincipalsFile none

# For this to work you will also need host keys in /etc/ssh/ssh_known_hosts
#HostbasedAuthentication no
# Change to yes if you don't trust ~/.ssh/known_hosts for
# HostbasedAuthentication
#IgnoreUserKnownHosts no
# Don't read the user's ~/.rhosts and ~/.shosts files
#IgnoreRhosts yes
```

SSHバージョン2の公開鍵認証設定です。

```
# To disable tunneled clear text passwords, change to no here!
#PasswordAuthentication no
#PermitEmptyPasswords no
PasswordAuthentication no
```

パスワードでのログインを許可していません。PermitEmptyPasswords パスワード認証でも空パスワードは許可しません。

AWSのセキュリティサービスとLinuxの機能を組み合わせて効率的にリスクから守ろう!

Chapter

13

ネットワークについて
学ぼう

Chapter.13 ネットワークについて学ぼう

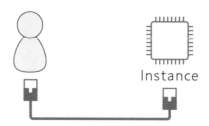

Instance

　EC2インスタンスを起動するネットワークとネットワークまわりのコマンド、注意点、ベストプラクティスについて、この章では解説します。3章では、AWSアカウントにすでに用意されている、デフォルトVPCというネットワーク環境を使ってEC2インスタンスを構築しました。

　このデフォルトVPCはAWS上で検証を行う際に、簡単に始められる環境として用意されているものです。

　本書では、デフォルトVPCを使用して簡単に検証を開始しました。本番環境を構築する場合は、VPCで専用のネットワーク環境を構築して、EC2インスタンスを構成します。

　VPCとVPCに関連するネットワークサービスについて解説します。

13.1 VPCでネットワーク環境を設定しよう

13.1.1 VPCネットワークってどんなもの?

　VPC（Virtual Private Cloud）を使うことによって、AWS上に隔離されたネットワーク環境を構築することができます。

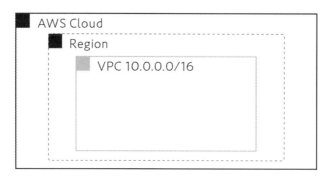

　まず最初に任意のリージョンに、任意のプライベートIPアドレス範囲を定義してVPCを作成します。

　IPアドレス範囲は、CIDR記法で指定します。IPアドレスは、IPv4アドレスでもIPv6アドレスでも指定できます。

IPv4アドレスについて知ろう

それぞれのEC2インスタンスにもIPアドレスは設定されますので、IPアドレスの概要を説明します。

例えば、VPCのIPアドレス範囲が 10.0.0.0/16 とします。このとき、VPCでは、IPアドレスは、10.0.0.0から、10.0.255.255まで使用できます。その仕組を解説します。

● **10進数表記**
- 10.0.0.0
- 10.0.255.255

● **2進数表記**
- 00001010.00000000.00000000.00000000
- 00001010.00000000.11111111.11111111

IPv4アドレスは32ビットで構成されています。8ビットごとに「.」で4つに区切ります。この1区切りをオクテットと呼びます。

8ビットの最大値は、2進数ですべてが1になるので、10進数になおすと255です。

そして、スラッシュの後ろにビット値 /16 とすると、頭から16ビット分を動かせないネットワークアドレスとして定義します。指定されなかった範囲は最大値まで利用できます。

上記の例では、第3オクテットと第4オクテットが、00000000.00000000 から始まって、11111111.11111111まで使用できるとなります。

これを10進数で表すと、0.0から、255.255まで利用できることとなります。

IPv6アドレスについて知ろう

IPv6アドレスは、128ビットで構成されています。16ビットごとに「:」で8つに区切ります。16進数で表記します。

2001:0db8:1234:5678:90ab:cdef:0000:0000

IPv4アドレスよりも多くのIPアドレスを利用することができます。

16進数は、0〜9までの数字とa〜fまでのアルファベットで表します！

13.1.2 サブネットを作成しよう

VPCを作成したら、今度は特定のアベイラビリティーゾーンを指定して、サブネットを作成することができます。

サブネットは役割に応じて作成し、さらに高可用性のために複数のアベイラビリティーゾーンに作成します。

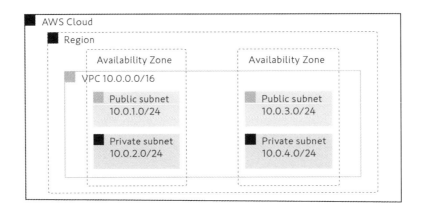

この例では、Public SubnetとPrivate Subnetと名前をつけて作成します。そして後述のルートテーブルと関連付けることで、役割に応じたネットワーク構成にします。VPCで指定したIPアドレス範囲をサブネットで分けていきます。

例えばVPCのIPアドレス範囲が、10.0.0.0/16の場合の一例を示します。

- **Public Subnet**
  - 10.0.1.0/24
  - 10.0.3.0/24

- **Private Subnet**
  - 10.0.2.0/24
  - 10.0.4.0/24

それぞれのIPアドレスが、VPCの10.0.0.0 ~ 10.0.255.255の間です。/24ビットの範囲指定があります。

Public Subnetはそれぞれ、10.0.1.0 ~ 10.0.1.255と、10.0.3.0 ~ 10.0.3.255の間でIPアドレスが使用されます。

Private Subnetはそれぞれ、10.0.2.0 ~ 10.0.2.255と、10.0.4.0 ~ 10.0.4.255の間でIPアドレスが使用されます。

> VPCとサブネットでプライベートIPアドレス範囲を決めよう！

13.1.3 インターネットゲートウェイとは

VPCはAWSアカウント独自の隔離されたプライベートなネットワーク環境です。このままでは、インターネットとの通信ができません。

Webサーバーを配置して、エンドユーザーからのアクセスを受け付けたり、インターネットからアクセスしたいケースも多くあります。

そんなケースでは、インターネットゲートウェイを作成して、VPCにアタッチします。

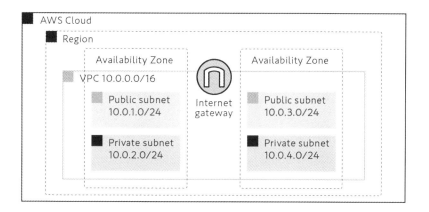

インターネットゲートウェイはVPCとインターネットとの出入り口です。

13.1.4 ルートテーブルとは

インターネットゲートウェイからサブネットへ、通信を可能とするかどうかをルートテーブルで関連付けます。

インターネットゲートウェイに対してルートを設定しているサブネットがPublic Subnetで、設定していないサブネットがPrivate Subnetです。

• **Public Subnetに関連付けるルートテーブル**

> ゲートウェイとルートテーブルでネットワークルーティングの設定をしよう！

送信先	ターゲット
10.10.0.0/16	local
0.0.0.0/0	インターネットゲートウェイ

• **Private Subnetに関連付けるルートテーブル**

送信先	ターゲット
10.10.0.0/16	local

デフォルトVPCのデフォルトサブネットはPublic Subnetです。Public Subnetはインターネットからの通信が可能なため、攻撃対象にもなりやすいです。

本番環境では保護するインスタンスも多くあります。結果、Private Subnetで起動するインスタンスが多くなります。

本番環境向けにはデフォルトVPCは使いません。

EC2インスタンスへのトラフィックの制御を行っているのが、セキュリティグループです。

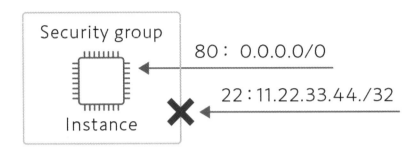

セキュリティグループでは、どのポートをどの送信元から許可するかを主に設定します。
仮想のファイヤーウォール機能です。送信元IPアドレスはCIDRで指定します。

例えば上図のセキュリティグループでは、次のインバウンドルールが指定されています。

セキュリティグループは、インスタンスに対して設定して、許可するインバウンドルールを設定します。もう一つのファイヤーウォール機能が、ネットワークアクセスコントロールリスト（NACL）です。
　ネットワークアクセスコントロールリストはサブネットに対して設定して、許可ルールだけではなく、拒否ルールも設定できます。

13.2 ポートってどんなもの?

13.2.1 ポートを確認してみよう

セキュリティグループで、タイプにHTTPと指定するとポート範囲に80が、SSHを指定すると22が設定されました。これはポート番号で、プロセスが接続を待ち受ける番号です。各プロセスにポート番号が設定されています。

接続を待ち受けているポートを「開いているポート」と言います。Linux サーバーの外側ではセキュリティグループが通過させるポートを制御しています。

接続を受け付けるためには、Linux サーバー自体でもポートが開いている必要があります。

開いているポートを確認するには、ss コマンドで確認できます。

```
$ ss -atu

Netid  State       Recv-Q  Send-Q              Local Address:Port        Peer Address:Port
udp    UNCONN      0       0                     0.0.0.0:sunrpc             0.0.0.0:*
udp    UNCONN      0       0                     0.0.0.0:netviewdml         0.0.0.0:*
udp    UNCONN      0       0                   127.0.0.1:25826              0.0.0.0:*
udp    UNCONN      0       0                   127.0.0.1:323                0.0.0.0:*
udp    UNCONN      0       0                     0.0.0.0:bootpc             0.0.0.0:*
tcp    LISTEN      0       5                     0.0.0.0:5901               0.0.0.0:*
tcp    LISTEN      0       128                   0.0.0.0:sunrpc             0.0.0.0:*
tcp    LISTEN      0       128                   0.0.0.0:6001               0.0.0.0:*
tcp    LISTEN      0       128                   0.0.0.0:ssh                0.0.0.0:*
tcp    LISTEN      0       128                   0.0.0.0:ipp                0.0.0.0:*
tcp    LISTEN      0       100                 127.0.0.1:smtp               0.0.0.0:*
tcp    TIME-WAIT   0       0                172.31.45.84:54050        54.239.96.215:https
tcp    ESTAB       0       0                172.31.45.84:48750       54.240.225.178:https
tcp    TIME-WAIT   0       0                172.31.45.84:45230        52.119.223.36:https
tcp    CLOSE-WAIT  54      0                172.31.45.84:48770       52.119.222.116:https
tcp    LISTEN      0       5                        [::]:5901                 [::]:*
tcp    LISTEN      0       128                      [::]:sunrpc               [::]:*
tcp    LISTEN      0       128                         *:http                    *:*
```

lsof コマンドでプロセスが使用しているポートを確認できます。

```
$ sudo lsof -i
COMMAND     PID    USER    FD   TYPE DEVICE SIZE/OFF NODE NAME
rpcbind    2675     rpc    6u   IPv4  16450      0t0  UDP *:sunrpc
rpcbind    2675     rpc    7u   IPv4  16451      0t0  UDP *:netviewdml
rpcbind    2675     rpc    8u   IPv4  16452      0t0  TCP *:sunrpc (LISTEN)
rpcbind    2675     rpc    9u   IPv6  16453      0t0  UDP *:sunrpc
rpcbind    2675     rpc   10u   IPv6  16454      0t0  UDP *:netviewdml
rpcbind    2675     rpc   11u   IPv6  16455      0t0  TCP *:sunrpc (LISTEN)
chronyd    2693  chrony    1u   IPv4  17165      0t0  UDP localhost:323
```

```
chronyd      2693   chrony    2u   IPv6   17166    0t0   UDP localhost6:323
dhclient     2914   root      6u   IPv4   17808    0t0   UDP *:bootpc
dhclient     2964   root      5u   IPv6   18018    0t0   UDP ip-172-31-45-84.ap-northeast-1.compute.internal:dhcpv6-client
amazon-cl    3008   root      3u   IPv4   18825    0t0   UDP localhost:25826
amazon-cl    3008   root      6u   IPv6   18829    0t0   UDP *:8125
amazon-cl    3008   root      7u   IPv4   536241   0t0   TCP ip-172-31-45-84.ap-northeast-1.compute.internal:49246-
                                                          >54.239.96.159:https (ESTABLISHED)
master       3136   root     13u   IPv4   19172    0t0   TCP localhost:smtp (LISTEN)
amazon-ss    3181   root      8u   IPv4   537140   0t0   TCP ip-172-31-45-84.ap-northeast-1.compute.internal:42504-
                                                          >54.240.225.173:https (ESTABLISHED)
amazon-ss    3181   root     11u   IPv4   465996   0t0   TCP ip-172-31-45-84.ap-northeast-1.compute.internal:51190-
                                                          >52.119.222.59:https (ESTABLISHED)
amazon-ss    3181   root     15u   IPv4   537110   0t0   TCP ip-172-31-45-84.ap-northeast-1.compute.internal:37212-
                                                          >54.240.225.181:https (ESTABLISHED)
awsagent     3257   root      6u   IPv4   536944   0t0   TCP ip-172-31-45-84.ap-northeast-1.compute.internal:48844-
                                                          >52.119.222.116:https (CLOSE_WAIT)
Xvnc         3286   ssm-user  5u   IPv6   20623    0t0   TCP *:6001 (LISTEN)
Xvnc         3286   ssm-user  6u   IPv4   20624    0t0   TCP *:6001 (LISTEN)
Xvnc         3286   ssm-user  9u   IPv4   20633    0t0   TCP *:5901 (LISTEN)
Xvnc         3286   ssm-user 10u   IPv6   20634    0t0   TCP *:5901 (LISTEN)
sshd         3358   root      3u   IPv4   20856    0t0   TCP *:ssh (LISTEN)
sshd         3358   root      4u   IPv6   20858    0t0   TCP *:ssh (LISTEN)
ssm-sessi   23072   root     17u   IPv4   535179   0t0   TCP ip-172-31-45-84.ap-northeast-1.compute.internal:54066-
                                                          >52.119.220.97:https (ESTABLISHED)
httpd       24020   root      4u   IPv6   102533   0t0   TCP *:http (LISTEN)
httpd       24024   apache    4u   IPv6   102533   0t0   TCP *:http (LISTEN)
httpd       24025   apache    4u   IPv6   102533   0t0   TCP *:http (LISTEN)
httpd       24026   apache    4u   IPv6   102533   0t0   TCP *:http (LISTEN)
httpd       24030   apache    4u   IPv6   102533   0t0   TCP *:http (LISTEN)
httpd       24031   apache    4u   IPv6   102533   0t0   TCP *:http (LISTEN)
httpd       24074   apache    4u   IPv6   102533   0t0   TCP *:http (LISTEN)
cupsd       25607   root     10u   IPv4   107115   0t0   TCP *:ipp (LISTEN)
cupsd       25607   root     11u   IPv6   107116   0t0   TCP *:ipp (LISTEN)
```

13.2.2 TCP Wrapperで接続を管理しよう

　AWSでは特定の送信元からの接続リクエストを、セキュリティグループやネットワークアクセスコントロールリストで制御することができます。

　Linuxでは、特定の送信元からの接続を許可、拒否する機能、TCP Wrapperがあります。

　/etc/hosts.allowに許可するサービスと送信元ドメインまたはIPアドレスを設定します。

　/etc/hosts.denyに拒否するサービスと送信元ドメインまたはIPアドレスを設定します。

　Amazon Linux 2ではデフォルトでは何も設定されていません。

```
$ cat /etc/hosts.allow
#
# hosts.allow    This file contains access rules which are used to
#                allow or deny connections to network services that
#                either use the tcp_wrappers library or that have been
#                started through a tcp_wrappers-enabled xinetd.
#
#                See 'man 5 hosts_options' and 'man 5 hosts_access'
#                for information on rule syntax.
#                See 'man tcpd' for information on tcp_wrappers
#
```

```
$ cat /etc/hosts.deny
#
# hosts.deny     This file contains access rules which are used to
#                deny connections to network services that either use
#                the tcp_wrappers library or that have been
#                started through a tcp_wrappers-enabled xinetd.
#
#                The rules in this file can also be set up in
#                /etc/hosts.allow with a 'deny' option instead.
#
#                See 'man 5 hosts_options' and 'man 5 hosts_access'
#                for information on rule syntax.
#                See 'man tcpd' for information on tcp_wrappers
```

13.3 ネットワーク設定ファイルについて知ろう

ネットワークの設定は、VPCで明示的に設定するものと、暗黙的に自動で設定されるものがあります。

EC2インスタンスでLinuxサーバーを起動している場合、これらのファイルを直接編集しなくても利用することはできます。

しかし、要件によっては設定をしたり、調査のために確認することもありますので、Linuxの各ネットワーク設定ファイルの解説をします。

13.3.1 /etc/services

サービスとポート番号が記述されています。

```
cat /etc/services | grep http
http            80/tcp      www www-http     # WorldWideWeb HTTP
http            80/udp      www www-http     # HyperText Transfer Protocol
http            80/sctp                      # HyperText Transfer Protocol
```

```
https          443/tcp                      # http protocol over TLS/SSL
https          443/udp                      # http protocol over TLS/SSL
https          443/sctp                     # http protocol over TLS/SSL

~後略~
```

13.3.2 /etc/hostname

プライベートホスト名が記述されています。EC2では設定しなくても自動で設定されます。

```
$ cat /etc/hostname
ip-172-31-45-84.ap-northeast-1.compute.internal
```

13.3.3 /etc/hosts

ホスト名とIPアドレスの対応が記述されます。/etc/hostsにエントリを追加することで、簡易的に名前解決が行えます。

```
$ cat /etc/hosts
127.0.0.1    localhost localhost.localdomain localhost4 localhost4.localdomain4
::1          localhost6 localhost6.localdomain6
```

13.3.4 /etc/sysconfig/network-scripts ディレクトリ

ネットワークインターフェースの設定ファイルが配置されています。

```
$ ls /etc/sysconfig/network-scripts
ec2net-functions  ifdown-ippp    ifdown-Team      ifup-ippp    ifup-routes    network-functions
ec2net.hotplug    ifdown-ipv6    ifdown-TeamPort  ifup-ipv6    ifup-sit       network-functions-ipv6
ifcfg-eth0        ifdown-isdn    ifdown-tunnel    ifup-isdn    ifup-Team      route-eth0
ifcfg-lo          ifdown-post    ifup             ifup-plip    ifup-TeamPort
ifdown            ifdown-ppp     ifup-aliases     ifup-plusb   ifup-tunnel
ifdown-bnep       ifdown-routes  ifup-bnep        ifup-post    ifup-wireless
ifdown-eth        ifdown-sit     ifup-eth         ifup-ppp     init.ipv6-global
```

例：ifcfg-eth0ファイル

```
$ cat /etc/sysconfig/network-scripts/ifcfg-eth0
DEVICE=eth0
```

```
BOOTPROTO=dhcp
ONBOOT=yes
TYPE=Ethernet
USERCTL=yes
PEERDNS=yes
DHCPV6C=yes
DHCPV6C_OPTIONS=-nw
PERSISTENT_DHCLIENT=yes
RES_OPTIONS="timeout:2 attempts:5"
DHCP_ARP_CHECK=no
```

13.3.5 /etc/resolv.conf

DNS（ドメインネームサービス）サーバを指定しています。

```
$ cat /etc/resolv.conf
options timeout:2 attempts:5
; generated by /usr/sbin/dhclient-script
search ap-northeast-1.compute.internal
nameserver 172.31.0.2
```

13.3.6 /etc/nsswitch.conf

名前解決する優先ルールを定義しています。

```
$ cat /etc/nsswitch.conf

passwd:     sss files
shadow:     files sss
group:      sss files

#hosts:     db files nisplus nis dns
hosts:      files dns myhostname

bootparams: nisplus [NOTFOUND=return] files

ethers:     files
netmasks:   files
networks:   files
protocols:  files
rpc:        files
```

```
services:   files sss

netgroup:   nisplus sss

publickey:  nisplus

automount:  files nisplus
aliases:    files nisplus
```

hosts:　　　files dns myhostnameとありますので、まず最初に/etc/hostsを参照し、次にDNSサーバ、最後に自分のホスト名を参照しています。

 13.4 ネットワーク関連コマンドを知ろう

13.4.1 hostnamectl

ホスト名と関連情報を出力します。

```
$ hostnamectl
    Static hostname: ip-172-31-45-84.ap-northeast-1.compute.internal
          Icon name: computer-vm
            Chassis: vm
         Machine ID: ec2eb2a972ed3b680c44e709588d1e20
            Boot ID: e467aeeaa86240b6acb4f6e327d61d21
     Virtualization: xen
   Operating System: Amazon Linux 2
         CPE OS Name: cpe:2.3:o:amazon:amazon_linux:2
             Kernel: Linux 4.14.173-137.228.amzn2.x86_64
       Architecture: x86-64
```

ホスト名だけなら、**hostname**でも出力できます。

```
$ hostname
ip-172-31-45-84.ap-northeast-1.compute.internal
```

パブリックホスト名は、EC2の場合は hostname や、hostnamectl では出力できません。
メタデータにアクセスすることで取得できます。

```
$ curl http://169.254.169.254/latest/meta-data/public-hostname
ec2-13-231-193-202.ap-northeast-1.compute.amazonaws.com
```

13.4.2 ping

指定したホスト（ホスト名またはIPアドレス）にICMPパケットを送信してレスポンスを受けて出力します。対象のホストが起動しているか、ネットワーク通信ができるかを確認するときに使用できます。-cオプションで回数を指定できます。

回数を指定していないときは、[Ctrl]+[C]キーを押下して終了します。

```
$ ping -c 3 www.yamamanx.com
PING d8e1dn0tdk0fx.cloudfront.net (13.249.171.16) 56(84) bytes of data.
64 bytes from server-13-249-171-16.nrt12.r.cloudfront.net (13.249.171.16): icmp_seq=1 ttl=241 time=2.63 ms
64 bytes from server-13-249-171-16.nrt12.r.cloudfront.net (13.249.171.16): icmp_seq=2 ttl=241 time=2.80 ms
64 bytes from server-13-249-171-16.nrt12.r.cloudfront.net (13.249.171.16): icmp_seq=3 ttl=241 time=2.66 ms

--- d8e1dn0tdk0fx.cloudfront.net ping statistics ---
3 packets transmitted, 3 received, 0% packet loss, time 2002ms
rtt min/avg/max/mdev = 2.630/2.701/2.808/0.087 ms
```

13.4.3 traceroute

指定したホスト（ホスト名またはIPアドレス）までパケットが伝わる経路を表示します。

```
$ traceroute www.yamamanx.com
traceroute to www.yamamanx.com (13.249.171.58), 30 hops max, 60 byte packets
 1  ec2-54-150-128-31.ap-northeast-1.compute.amazonaws.com (54.150.128.31)  1.734 ms ec2-54-150-128-29.ap-northeast-1.compute.
    amazonaws.com (54.150.128.29)  3.596 ms ec2-54-150-128-23.ap-northeast-1.compute.amazonaws.com (54.150.128.23)  1.084 ms
 2  100.65.24.176 (100.65.24.176)  1.455 ms 100.65.24.0 (100.65.24.0)  44.730 ms 100.65.24.112 (100.65.24.112)  44.731 ms
 3  100.66.12.8 (100.66.12.8)  8.276 ms 100.66.12.40 (100.66.12.40)  8.258 ms 100.66.12.24 (100.66.12.24)  3.581ms
 4  100.66.15.228 (100.66.15.228)  14.579 ms 100.66.14.170 (100.66.14.170)  19.388 ms 100.66.15.96 (100.66.15.96)  20.254 ms
 5  100.66.6.35 (100.66.6.35)  17.910 ms 100.66.6.203 (100.66.6.203)  14.398 ms 100.66.6.103 (100.66.6.103)  20.842 ms
 6  100.66.4.35 (100.66.4.35)  19.842 ms 100.66.4.247 (100.66.4.247)  20.110 ms 100.66.4.125 (100.66.4.125)  7.616 ms
 7  100.65.8.33 (100.65.8.33)  0.321 ms 100.65.10.97 (100.65.10.97)  0.842 ms 100.65.10.225 (100.65.10.225)  0.827 ms
 8  52.95.30.221 (52.95.30.221)  3.043 ms 52.95.30.209 (52.95.30.209)  3.083 ms  3.140 ms
 9  52.95.31.125 (52.95.31.125)  6.542 ms 52.95.31.129 (52.95.31.129)  14.591 ms 52.95.31.131 (52.95.31.131)  4.333 ms
10  52.93.250.221 (52.93.250.221)  3.611 ms 52.93.250.223 (52.93.250.223)  3.604 ms 52.93.250.221 (52.93.250.221)  3.592 ms
11  100.64.50.253 (100.64.50.253)  14.002 ms  14.015 ms  14.031 ms
12  100.64.50.29 (100.64.50.29)  13.975 ms 100.64.50.31 (100.64.50.31)  13.958 ms 100.64.50.19 (100.64.50.19)  21.264 ms
13  100.64.50.254 (100.64.50.254)  5.952 ms  11.693 ms  11.677 ms
14  100.93.4.6 (100.93.4.6)  6.504 ms 100.93.4.70 (100.93.4.70)  7.437 ms  7.418 ms
15  100.93.4.5 (100.93.4.5)  6.114 ms 100.93.4.3 (100.93.4.3)  56.606 ms 100.93.4.69 (100.93.4.69)  6.088 ms
16  server-13-249-171-58.nrt12.r.cloudfront.net (13.249.171.58)  2.708 ms  2.623 ms  2.599 ms
```

Chapter.13 / ネットワークについて学ぼう

. . . .

linuxサーバーに設定されているルーティングテーブルを出力します。

```
$ route
Kernel IP routing table
Destination     Gateway         Genmask          Flags Metric Ref    Use Iface
default         ip-172-31-32-1. 0.0.0.0          UG    0      0        0 eth0
instance-data.a 0.0.0.0         255.255.255.255 UH    0      0        0 eth0
172.31.32.0     0.0.0.0         255.255.240.0   U     0      0        0 eth0
```

13.4. 5 **ifconfig**
. . . .

Linuxサーバーに設定されているプライベートIPアドレスのネットワークインターフェース情報を出力します。

```
$ ifconfig
eth0: flags=4163<UP,BROADCAST,RUNNING,MULTICAST>  mtu 9001
        inet 172.31.45.84  netmask 255.255.240.0  broadcast 172.31.47.255
        inet6 fe80::409:62ff:fefe:273a  prefixlen 64  scopeid 0x20<link>
        ether 06:09:62:fe:27:3a  txqueuelen 1000  (Ethernet)
        RX packets 905705  bytes 306069621 (291.8 MiB)
        RX errors 0  dropped 0  overruns 0  frame 0
        TX packets 783767  bytes 214440883 (204.5 MiB)
        TX errors 0  dropped 0 overruns 0  carrier 0  collisions 0

lo: flags=73<UP,LOOPBACK,RUNNING>  mtu 65536
        inet 127.0.0.1  netmask 255.0.0.0
        inet6 ::1  prefixlen 128  scopeid 0x10<host>
        loop  txqueuelen 1000  (Local Loopback)
        RX packets 42  bytes 10508 (10.2 KiB)
        RX errors 0  dropped 0  overruns 0  frame 0
        TX packets 42  bytes 10508 (10.2 KiB)
        TX errors 0  dropped 0 overruns 0  carrier 0  collisions 0
```

パブリックIPアドレスは、EC2の場合はifconfigでは出力できません。メタデータにアクセスすることで取得できます。

```
$ curl http://169.254.169.254/latest/meta-data/public-ipv4
13.231.193.202
```

13.4.6 host

指定したホスト（ドメインまたはIPアドレス）の情報を出力します。

```
$ host www.yamamanx.com
www.yamamanx.com is an alias for d8e1dn0tdk0fx.cloudfront.net.
d8e1dn0tdk0fx.cloudfront.net has address 13.249.171.16
d8e1dn0tdk0fx.cloudfront.net has address 13.249.171.58
d8e1dn0tdk0fx.cloudfront.net has address 13.249.171.73
d8e1dn0tdk0fx.cloudfront.net has address 13.249.171.10
```

13.4.7 dig

DNSサーバに登録されている設定情報を出力できます。オプションなしで実行するとAレコードの情報を出力します。

```
$ dig www.yamamanx.com

; <<>> DiG 9.11.4-P2-RedHat-9.11.4-9.P2.amzn2.0.2 <<>> www.yamamanx.com
;; global options: +cmd
;; Got answer:
;; ->>HEADER<<- opcode: QUERY, status: NOERROR, id: 5998
;; flags: qr rd ra; QUERY: 1, ANSWER: 5, AUTHORITY: 0, ADDITIONAL: 1

;; OPT PSEUDOSECTION:
; EDNS: version: 0, flags:; udp: 4096
;; QUESTION SECTION:
;www.yamamanx.com.              IN      A

;; ANSWER SECTION:
www.yamamanx.com.       60      IN      CNAME   d8e1dn0tdk0fx.cloudfront.net.
d8e1dn0tdk0fx.cloudfront.net. 60 IN     A       13.249.171.10
d8e1dn0tdk0fx.cloudfront.net. 60 IN     A       13.249.171.16
d8e1dn0tdk0fx.cloudfront.net. 60 IN     A       13.249.171.58
d8e1dn0tdk0fx.cloudfront.net. 60 IN     A       13.249.171.73

;; Query time: 15 msec
;; SERVER: 172.31.0.2#53(172.31.0.2)
;; WHEN: Wed Apr 01 19:17:33 JST 2020
;; MSG SIZE  rcvd: 151
```

設定内容に応じてネットワーク関連コマンドを使い分けよう！

MXレコード（メールサーバー）

```
$ dig www.yamamanx.com mx

; <<>> DiG 9.11.4-P2-RedHat-9.11.4-9.P2.amzn2.0.2 <<>> www.yamamanx.com mx
;; global options: +cmd
;; Got answer:
;; ->>HEADER<<- opcode: QUERY, status: NOERROR, id: 17122
;; flags: qr rd ra; QUERY: 1, ANSWER: 1, AUTHORITY: 1, ADDITIONAL: 1

;; OPT PSEUDOSECTION:
; EDNS: version: 0, flags:; udp: 4096
;; QUESTION SECTION:
;www.yamamanx.com.                    IN      MX

;; ANSWER SECTION:
www.yamamanx.com.        60      IN      CNAME   d8e1dn0tdk0fx.cloudfront.net.

;; AUTHORITY SECTION:
d8e1dn0tdk0fx.cloudfront.net. 60 IN    SOA     ns-1990.awsdns-56.co.uk. awsdns-hostmaster.amazon.com. 1 7200 900 1209600 86400

;; Query time: 38 msec
;; SERVER: 172.31.0.2#53(172.31.0.2)
;; WHEN: Wed Apr 01 19:18:45 JST 2020
;; MSG SIZE  rcvd: 171
```

13.5 VPC フローログ

VPC内を通過するネットワークの調査には、**VPC** フローログが有効です。

どのIPアドレスとポートからどのIPアドレスとポートにどれぐらいのリクエストが発生して、どこで拒否され、どこで承諾されたのか、調査できます。

VPC単位、サブネット単位、インスタンス単位で設定できます。

Chapter

14

バージョン管理も
AWSで

Chapter. 14 バージョン管理もAWSで

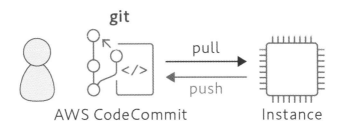

Gitというバージョン管理システムがあります。開発エンジニアが更新したプログラムソースコードなどをバージョン管理し、ビルド、デプロイツールと連携して、自動化を行ったり、複数人でチーム開発を行ったりするシステムです。

開発者だけではなくて、運用や、構築でもGitを使ったデプロイが行われるので、基本的なGitコマンドを知っておきましょう。

Gitをマネージドサービスとして提供しているのが、**AWS CodeCommit**です。

この章では、AWS CodeCommitをEC2インスタンス上のGitコマンドからの操作で試してみます。

> Gitとは、変更履歴を記録、追跡するためのシステムです！

14.1 Gitをインストールしよう

まずGitクライアントをインストールします。

```
$ sudo yum -y install git
```

14.2 CodeCommitを操作するための権限を設定しよう

14.2.1 IAMポリシーをアタッチして権限を与えよう

EC2インスタンスでAWS CLIからCodeCommitを操作する権限を、IAMロールを介して設定します。マネジメントコンソールでIAMダッシュボードにアクセスします。

左のナビゲーションペインから、[ロール]を選択して、右のIAMロール一覧から、LinuxRoleを選択します。[ポリシーをアタッチします]ボタンを押下します。

[ポリシーのフィルター]で「codecommit」で検索して、結果からAWSCodeCommitPowerUserポリシーを選択して、[ポリシーのアタッチ]ボタンを押下します。

> LinuxRoleにポリシー AWSCodeCommitPowerUser がアタッチされました。　✕

アタッチされました。

> IAMロールにはIAMポリシーを必要に応じてアタッチしよう！

Chapter.14 / バージョン管理もAWSで

EC2インスタンス環境を設定しよう

CodeCommitをIAMロールで使うための設定とGitユーザー名を設定します。

```
$ git config --global credential.helper \
'!aws --region ap-northeast-1 codecommit credential-helper $@'
$ git config --global credential.UseHttpPath true
$ git config --global user.name "Mitsuhiro Yamashita"
```

確認をします。

```
$ cat ~/.gitconfig
[credential]
    helper = !aws --region ap-northeast-1 credential-helper $@
    UseHttpPath = true
[user]
        name = Mitsuhiro Yamashita
```

 リポジトリを作成しよう

AWS CodeCommitにリポジトリを作成します。

```
$ aws codecommit create-repository \
--repository-name MyDemoRepo \
--repository-description "My demonstration repository"
```

リポジトリ名と説明をパラメータにしています。

```
{
    "repositoryMetadata": {
        "repositoryName": "MyDemoRepo",
        "cloneUrlSsh": "ssh://git-codecommit.ap-northeast-1.amazonaws.com/v1/repos/MyDemoRepo",
        "lastModifiedDate": 1575181609.316,
        "repositoryDescription": "My demonstration repository",
        "cloneUrlHttp": "https://git-codecommit.ap-northeast-1.amazonaws.com/v1/repos/MyDemoRepo",
        "creationDate": 1575181609.316,
        "repositoryId": "3fc46dee-fa51-4077-8edd-57806c283d1e",
        "Arn": "arn:aws:codecommit:ap-northeast-1:123456789012:MyDemoRepo",
        "accountId": "123456789012"
```

```
      }
}
```

　作成が正常終了すると上記の情報が出力されます。今回は、HTTPSでCodeCommitに作成したリポジトリにアクセスして、ローカルにリポジトリのCloneを作ります。

```
$ mkdir ~/rep
$ cd ~/rep
$ git clone https://git-codecommit.ap-northeast-1.amazonaws.com/v1/repos/
MyDemoRepo
Cloning into 'MyDemoRepo'...
warning: You appear to have cloned an empty repository.
$ ls
MyDemoRepo
$ cd MyDemoRepo
```

　まず、試しにReadmeを作ってみましょう。

```
$ vim readme.md
```

　何でもいいのでこのリポジトリの説明を書いて保存します。私はこんな内容を書きました。

```
# MyDemoRepo

AWS CodeCommit を使って、Gitコマンドを試してみるためのリポジトリです。
```

　更新内容をリポジトリに反映します。

```
$ git add .
$ git commit -m "write readme"
$ git push
Counting objects: 3, done.
Compressing objects: 100% (2/2), done.
Writing objects: 100% (3/3), 355 bytes | 355.00 KiB/s, done.
Total 3 (delta 0), reused 0 (delta 0)
To https://git-codecommit.ap-northeast-1.amazonaws.com/v1/repos/MyDemoRepo
 * [new branch]      master -> master
```

git addで更新したファイルを登録しています。

git commitでコミットメッセージを追加して、Readme.mdファイルを追加したことについてコミットしました。

git pushでリモートリポジトリ（今回はCodeCommit）にプッシュしました。

マネジメントコンソールで確認します。作成したreadme.mdが表示されました。

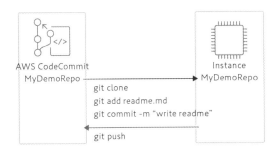

作成した内容をまとめます。

(1) CodeCommitにMyDemoRepoという名前のリポジトリを作成。

(2) EC2インスタンスでgit cloneコマンドを実行して、ローカルリポジトリを作成。

(3) readme.mdファイルを作成。

(4) git addコマンドでreadme.mdを管理対象に追加。

(5) git commitコマンドでreadme.mdの追加を確定登録。

(6) git pushコマンドでCodeCommitのリポジトリに、readme.mdの追加を反映。

14.4 Gitコマンドを使ってみよう

git clone, git add, git commit, git pushを使ってみました。この項ではgitコマンドの解説をします。

14.4.1 git clone

リポジトリのクローンを作成します。CodeCommitで作成したリポジトリのクローンをローカルに作成すると
きに使用します。

```
$ git clone <CodeCommitのリポジトリ> <複製先>
```

複製先のディレクトリを省略すると、カレントディレクトリに作成されます。

14.4.2 git add

ファイルをgitの管理対象にします。

```
$ git add <ファイル名>
```

ファイル名にはカレントディレクトリ以下のすべての追加、変更ファイルを指定する[.]が指定できます。
ファイル名の一部を[*]で指定することもできます。

--dry-runオプションで何が追加されるかを確認することもできます。

```
$ git add --dry-run .
```

14.4.3 git commit

変更をgitリポジトリにコミットします。-mオプションでメッセージを追加できます。このメッセージで何のため
に変更したかなどを書きます。

メッセージはCodeCommitのコミット確認画面の[メッセージのコミット]で確認できます。
ファイルのどこが変更されたのかも確認できますので、メッセージには[何を変更したか]よりも[なぜ変更したか]
や[変更のサマリー]を書くことが多いです。

14.4. 4 git push

コミットした内容をgitリポジトリにプッシュします。

```
$ git push
```

プッシュ先のリポジトリはデフォルトリモートリポジトリです。デフォルトのリモートリポジトリは git remote で確認できます。

14.4. 5 git pull

リモートリポジトリからローカルに更新をダウンロードします。

```
$ git pull
```

14.4. 6 git branch

ブランチ(枝分かれしたプロジェクト)を作成するコマンドです。バージョンを分けるときや、リリース用、開発用に分けたりします。新しいブランチを作成するときはブランチ名を指定します。

```
$ git branch 〈ブランチ名〉
```

develop という名前のブランチを作成してみます。

```
$ git branch develop
$ git branch
  develop
* master
```

ブランチ名を指定して branch コマンドを実行すると、新しいブランチを作成します。
引数を指定せずに branch コマンドを実行するとブランチの一覧が出力されます。
[*] がついているブランチが現在のブランチです。

14.4. 7 git checkout

ブランチを切り替える時は checkout コマンドで切り替えます。

```
$ git checkout <ブランチ名>
```

前項で作成したブランチに切り替えます。

```
$ git checkout develop
Switched to branch 'develop'
$ git branch
* develop
  master
```

[*]がdevelopに変わりました。これでmasterブランチには影響を与えずに変更することができます。

```
$ git checkout -b <ブランチ名>
```

-bオプションをつけると、ブランチの作成と切り替えを1回で行えます。

```
$ git checkout -b lab
Switched to a new branch 'lab'
$ git branch
  develop
* lab
  master
```

 ## プルリクエストを使ってみよう

チームでgitリポジトリを使って、開発をしている時に、各々が勝手にコミットしていってはよくないケースもあります。
　変更されたコードをレビューしてから、新しいバージョンとしたいケースが、ほとんどかと思います。コードレビュー、反映を行う機能としてプルリクエストがあります。ブランチを作成して、ブランチ側で変更をして、プルリクエストからマスターに反映する、というシナリオで解説します。
　前項で作成した、developブランチで変更して、masterブランチに反映します。

> プルリクエストとは、「○○は△△にしない?」という編集リクエストのようなものです!

```
$ git checkout develop
```

developブランチに切り替えます。

vimコマンドでreadme.mdに「developブランチで更新しました。」という文字行を追加しました。

```
$ git add .
$ git commit -m "プルリクエストのテスト"
$ git push --set-upstream origin develop
```

pushで--set-upstreamオプションをつけて実行しています。リモートリポジトリにdevelopブランチがまだないので、リモートリポジトリにdevelopブランチを作成してpushします。

```
Counting objects: 3, done.
Compressing objects: 100% (2/2), done.
Writing objects: 100% (3/3), 354 bytes | 354.00 KiB/s, done.
Total 3 (delta 1), reused 0 (delta 0)
To https://git-codecommit.ap-northeast-1.amazonaws.com/v1/repos/MyDemoRepo
 * [new branch]      develop -> develop
Branch 'develop' set up to track remote branch 'develop' from 'origin'.
```

CodeCommitをマネジメントコンソールで確認すると、developブランチができています。

developブランチのみに変更が反映されています。この変更をmasterに反映してもらいます。
ここからはCLIコマンドで実行しながら、マネジメントコンソール画面で確認して進めます。
プルリクエストをCLIコマンドで作成します。

14.5 プルリクエストを使ってみよう

```
$ aws codecommit create-pull-request \
--title "My Pull Request" \
--description "12/15までにご確認ください。" \
--targets repositoryName=MyDemoRepo,sourceReference=develop
```

以下のレスポンスが返ってきて、正常に作成されたことが確認できました。

```
{
    "pullRequest": {
        "authorArn": "arn:aws:sts::123456789012:assumed-role/LinuxRole/i-0aae4ecd6e997c545",
        "description": "12/15までにご確認ください。",
        "title": "My Pull Request",
        "pullRequestTargets": [
            {
                "repositoryName": "MyDemoRepo",
                "mergeBase": "57fd0dab21bba4112dfaca0a224175e78ae5e011",
                "destinationCommit": "57fd0dab21bba4112dfaca0a224175e78ae5e011",
                "sourceReference": "refs/heads/develop",
                "sourceCommit": "9926c1ffd69d808fec9551cca67fecf80b19d5d1",
                "destinationReference": "refs/heads/master",
                "mergeMetadata": {
                    "isMerged": false
                }
            }
        ],
        "lastActivityDate": 1576363334.082,
        "pullRequestId": "1",
        "clientRequestToken": "56527b0b-d9c6-4137-b93e-e261d993fbdc",
        "pullRequestStatus": "OPEN",
        "creationDate": 1576363334.082
    }
}
```

マネジメントコンソールを確認すると、プルリクエストが1つ作成されています。

［詳細］タブにメッセージが表示されています。

［変更］タブで、何が変更されるのかを確認できます。

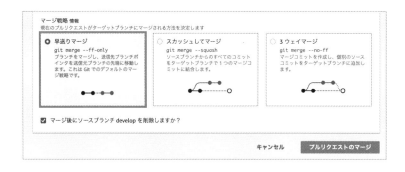

［マージ］ボタンを押下すると、3種類のマージ戦略が表示されます。
今回は［早送りマージ］をCLIから実行します。

```
$ aws codecommit merge-pull-request-by-fast-forward \
--pull-request-id 1 \
--source-commit-id 9926c1ffd69d808fec9551cca67fecf80b19d5d1 \
--repository-name MyDemoRepo
```

レスポンスが返ってきて、正常にマージされたことが確認できました。

```
{
    "pullRequest": {
        "authorArn": "arn:aws:sts::123456789012:assumed-role/LinuxRole/i-0aae4ecd6e997c545",
        "description": "12/15までにご確認ください。",
        "title": "My Pull Request",
        "pullRequestTargets": [
            {
                "repositoryName": "MyDemoRepo",
                "mergeBase": "57fd0dab21bba4112dfaca0a224175e78ae5e011",
                "destinationCommit": "57fd0dab21bba4112dfaca0a224175e78ae5e011",
                "sourceReference": "refs/heads/develop",
                "sourceCommit": "9926c1ffd69d808fec9551cca67fecf80b19d5d1",
                "destinationReference": "refs/heads/master",
                "mergeMetadata": {
                    "isMerged": true,
                    "mergedBy": "arn:aws:sts::710072465363:assumed-role/LinuxRole/i-0aae4ecd6e997c545"
                }
            }
        ],
        "lastActivityDate": 1576365470.989,
        "pullRequestId": "1",
        "clientRequestToken": "56527b0b-d9c6-4137-b93e-e261d993fbdc",
        "pullRequestStatus": "CLOSED",
        "creationDate": 1576363334.082
    }
}
```

Chapter.14 / バージョン管理もAWSで

開発者用ツール 〉 CodeCommit 〉 リポジトリ 〉 MyDemoRepo 〉 プルリクエスト

MyDemoRepo

プルリクエスト 情報

すべてのプルリクエスト ▼ | **プルリクエストの作成**

🔍 | 〈 **1** 〉

プルリクエスト	作成者	ターゲット	最後のアクティビティ	ステータス	承認ステータス
1: My Pull Request	i-0aae4ecd6e997c545	master	1分前	マージ済み	承認ルールがありません

マネジメントコンソールで確認するとステータスが[マージ済み]になりました。

masterブランチに変更が反映されたことが確認できました。

Gitサーバーを構築しなくてもCodeCommitで
素早く簡単にバージョン管理を始められます！
本書もCodeCommitで原稿を管理してます！

コンテナ環境を
作ってみよう

docker run
docker pull
docker build
docker push

コンテナは、オペレーティングシステムの仮想化の1つの方法です。実行環境や依存関係、ソースコード、設定情報などをパッケージ化して、分離できます。それにより、どこの環境でも同じように、素早く、効率的にプロセスを実行することができます。

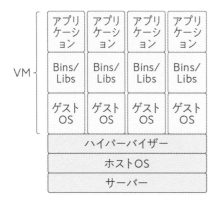

VM（Virtual Machine）との大きな違いは、ハイパーバイザーが存在しないことです。Dockerがインストールされている環境であればどこでも同じように起動することができます。OSが共有されているので、OSの起動を待たずに迅速に数秒で起動します。OSだけではなくBin/Libも必要に応じて共有します。

サーバーを効率よく、無駄なく使うことができます。

本書では、dockerコンテナのチュートリアルと主要なコマンドを試します。

15.1 Dockerをインストールしてみよう

```
$ sudo yum install -y docker
```

yumコマンドでdockerをインストールします。

```
$ docker -v
Docker version 18.09.9-ce, build 039a7df
```

インストールが完了しました。パラメータなしで実行すると、実行可能なコマンドが表示されます。

```
$ docker

Usage:  docker [OPTIONS] COMMAND

A self-sufficient runtime for containers

Options:
      --config string      Location of client config files (default "/home/ssm-user/.docker")
  -D, --debug              Enable debug mode
  -H, --host list          Daemon socket(s) to connect to
  -l, --log-level string   Set the logging level ("debug"|"info"|"warn"|"error"|"fatal") (default "info")
      --tls                Use TLS; implied by --tlsverify
      --tlscacert string   Trust certs signed only by this CA (default "/home/ssm-user/.docker/ca.pem")
      --tlscert string     Path to TLS certificate file (default "/home/ssm-user/.docker/cert.pem")
      --tlskey string      Path to TLS key file (default "/home/ssm-user/.docker/key.pem")
      --tlsverify          Use TLS and verify the remote
  -v, --version            Print version information and quit

Management Commands:
  builder     Manage builds
  config      Manage Docker configs
  container   Manage containers
  engine      Manage the docker engine
  image       Manage images
  network     Manage networks
  node        Manage Swarm nodes
  plugin      Manage plugins

～中略～

  volume      Manage volumes

Commands:
  attach      Attach local standard input, output, and error streams to a running container
  build       Build an image from a Dockerfile

～中略～

  wait        Block until one or more containers stop, then print their exit codes

Run 'docker COMMAND --help' for more information on a command.
```

Dockerサービスを実行しておきます。

```
$ sudo service docker start
```

 ## Docker イメージを作成してみよう

Web サーバーを起動するDockerイメージを作成します。内容はどんなものでもいいので、index.htmlを作成します。「First Container」と書いてみました。

workディレクトリがない場合は、mkdir ~/workで作成してから進めてください。

> イメージとは、コンテナを実行するために必要となるファイルのことです！

```
$ cd ~/work
$ mkdir docker-test
$ cd docker-test
$ vim index.html
```

dockerfileを作成します。dockerfileは、コンテナの構成情報を記述したファイルです。

```
$ vim dockerfile
```

```
FROM ubuntu

RUN apt-get update -y && \
apt-get install -y apache2

COPY index.html /var/www/html/
EXPOSE 80
CMD ["apachectl", "-D", "FOREGROUND"]
```

上記の内容を記述して保存します。OSはubuntuを指定しています。

アパッチWebサーバーをインストールして、ルートディレクトリにindex.htmlをコピーしてWebサーバーを起動します。ビルドしてみましょう。

```
$ sudo docker build -t docker-test .
```

```
Sending build context to Docker daemon  3.072kB
Step 1/5 : FROM ubuntu
latest: Pulling from library/ubuntu

～中略～

Successfully built 5da9940b097b
Successfully tagged docker-test:latest
```

Dockerイメージの準備ができました。imagesコマンドでイメージを確認します。

```
$ sudo docker images
REPOSITORY          TAG                 IMAGE ID            CREATED             SIZE
docker-test         latest              5da9940b097b        59 seconds ago      188MB
<none>              <none>              67f9ed3d7720        About an hour ago   503MB
ubuntu              latest              775349758637        6 weeks ago         64.2MB
```

15.3 Docker コンテナを実行してみよう

Dockerイメージからコンテナを起動します。

```
$ sudo docker run --name docker-test -d -p 80:80 docker-test
```

-dオプションをつけることで、起動したままにできます。
コンテナの80番ポートをインスタンスにマッピングして起動しています。
EC2のセキュリティグループで、80番ポートが許可されていることを確認して、パブリックIPアドレスにブラウザから確認します。ブラウザからコンテナのWebサーバーを確認できました。

実行中のコンテナを確認します。

```
$ sudo docker ps -a
CONTAINER ID   IMAGE         COMMAND              CREATED        STATUS        PORTS                 NAMES
c113edcdc3ad   docker-test   "apachectl -D FOREGR…"  5 minutes ago  Up 5 minutes  0.0.0.0:80->80/tcp    docker-test
```

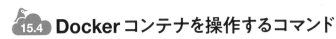 # Docker コンテナを操作するコマンド

docker exec コマンドでコンテナ内のコマンドを実行できます。

bash を実行することで、コンテナの bash プロンプトにアクセスします。

```
$ sudo docker exec -i -t docker-test /bin/bash
root@c113edcdc3ad:/#
```

```
# cat /var/www/html/index.html
First Container
```

index.html が/var/www/html にコピーされていることを確認できました。

exit コマンドで bash プロンプトを終了します。

コンテナの停止

```
$ sudo docker stop docker-test
```

「docker-test」の部分は、コンテナIDの「c113edcdc3ad」でもいいですし、IDを短縮した「c1」でも「c」でもこの環境で判別がつけばいいです。

再開するときは、docker start です。

コンテナの削除

```
$ sudo docker stop docker-test
$ sudo docker rm docker-test
```

コンテナを停止してから docker rm コマンドで削除します。

イメージを削除するときは、docker rmi コマンドで削除します。

> Docker を使って素早く簡単に環境を構築しよう！

データーベースを
操作してみよう

Chapter.16 データーベースを操作してみよう

MySQL　MariaDB　PostgreSQL

Microsoft SQL Server　ORACLE DATABASE

　次の章から、OSS(オープンソースソフトウェア)の構築を試してみます。各OSSで使用するために、データベースサーバーを構築します。

　今回は、Amazon RDS(Relational Database Server) for MySQLを使用してデータベースサーバーを簡単に起動してみます。起動後、EC2からMySQLコマンドを実行して接続テストをしてみます。

　今回は、RDSの設定は簡易的にできる設定で行います。

　本番環境で構築する際は、組織のセキュリティポリシーやベストプラクティスに従ってください。

> 次章で作るWebサイトのためのデータベースをここで作るよ！

16.1 Amazon RDS for MySQLを起動してみよう

aws	サービス ∧	リソースグループ ∨ ★

履歴

RDS

コンソールのホーム

Systems Manager

EC2

IAM

Billing

rds

RDS
マネージド型リレーショナルデータベースサービス

EC2　　　　　　　AWS IQ ↗

Lightsail ↗　　　サポート

ECR　　　　　　　Managed Services

ECS

EKS

ブロックチェーン

　マネジメントコンソールで、EC2と同じ東京リージョンを指定します。

　サービス検索で「rds」を検索して、RDSのダッシュボードにアクセスします。

[データベースの作成]を押下します。

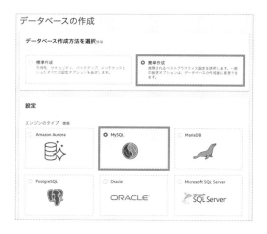

データベース作成方法を選択では、[簡単作成]を選択します。設定のエンジンのタイプでは、[MySQL]を選択します。

DBインスタンスサイズは、無料利用枠の[db.t2.micro]を選択します。

DBインスタンス識別子、マスターユーザー名はデフォルトのままで、[パスワードの自動生成]にチェックを入れます。

[データベースの作成] ボタンを押下します。

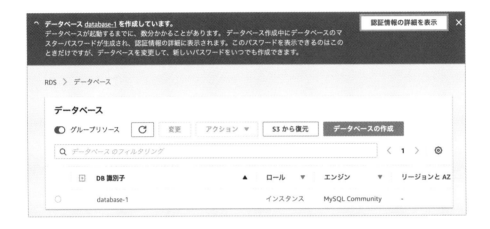

　データベースの作成が開始されました。マスターユーザーのパスワードを自動生成にしたので、[認証情報の詳細]
ボタンを押下して、自動生成されたパスワードを確認します。

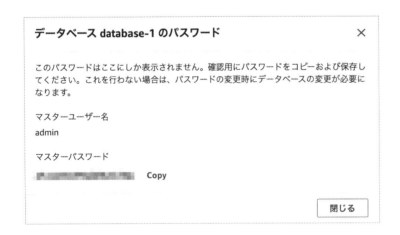

　自動生成されたパスワードをコピーして、テキストエディタなどに貼り付けておきます。
　データベース作成を待っている間にセキュリティグループの設定を進めておきます。

> OSを一切意識することなくデータベースを作成できました！

16.2 Amazon RDSインスタンスのセキュリティグループの作成

EC2ダッシュボードに移動して、左のナビゲーションペインから［セキュリティグループ］を選択します。

既存の linux-sg（3章でAmazon Linux 2のEC2インスタンス起動時に作成したセキュリティグループ）のセキュリティグループIDをコピーしておきます。

右ペインで［セキュリティグループの作成］ボタンを押下します。

セキュリティグループ名に「dbsg」、説明に「for db」と入力しました。これらのフィールドは任意の値を設定します。VPCはEC2と同じデフォルトVPCを選択します。

インバウンドタブで、タイプを「MySQL/Aurora」と選択すると、自動的にポート範囲に3306が設定されます。

ソース（送信元）は「カスタム」を選択して、linux-sgのセキュリティグループIDを貼り付けます。

［作成］ボタンを押下します。

Chapter.16 ／ データベースを操作してみよう

RDSダッシュボードに戻って、database-1を選択して、[変更] ボタンを押下します。

　下へスクロールして、[ネットワーク ＆ セキュリティ] のセクションの [セキュリティグループ] で選択済みの Defaultを [×] で削除して、先程作成したdbsgを選択します。

　一番下へスクロールして、[次へ] ボタンを押下します。

　変更の概要で、セキュリティグループが、defaultからdbsgに変更することを確認します。
　変更のスケジュールで、[すぐに適用] を選択します。
　[DBインスタンスの変更] を押下します。

RDSインスタンスの詳細を確認すると、セキュリティグループの default が削除中になり、dbsg が追加中になりました。

数分で変更が完了し、アクティブとなります。データベースエンドポイントをコピーしておきます。

RDSへ接続する際は、データベースエンドポイント、マスターユーザー名（admin）、マスターユーザーのパスワードが必要です。

メモ帳などのテキストエディタにコピーしておきます。

EC2からRDSへ接続してみよう

EC2にMySQLクライアントをインストールします。セッションマネージャで接続します。

```
$ sudo yum -y install mysql
```

mariadbというMySQLの派生OSSのクライアントソフトウェアがインストールされますが、今回使用したいコマンドは利用可能ですので問題ありません。

インストールがCompleteしたら、RDSへの接続を試します。

```
$ mysql -h ＜データベースのエンドポイント＞ -u admin -p＜マスターユーザーのパスワード＞
```

```
Welcome to the MariaDB monitor.
Your MySQL connection id is 14
Server version: 5.7.22-log Source distribution

Copyright (c) 2000, 2018, Oracle, MariaDB Corporation Ab and others.
```

上記が表示されると、接続成功です。

show databases を実行してみましょう。

```
MySQL [(none)]> show databases;
+--------------------+
| Database           |
+--------------------+
| information_schema |
| innodb             |
| mysql              |
| performance_schema |
| sys                |
+--------------------+
5 rows in set (0.00 sec)
```

RDS for MySQL の初期状態のデータベースがいくつか表示されました。この RDS インスタンスを使って、次の章以降の OSS サーバー構築を試してみます。

```
MySQL [(none)]> exit
Bye
```

exit コマンドでコンソールを抜けられます。

次はWebサイトを作るよ！

WordPressサーバーを
構築してみよう

Chapter.17 WordPress サーバーを構築してみよう

　ブログの OSS の WordPress をインストールしてブログサーバーを構築してみます。データベースは、16章で構築した Amazon RDS を使用します。Web サーバーは新たな EC2 インスタンスで、Amazon Linux 2 を起動する前提で、手順を記載します。

　3章を参照して、Amazon Linux 2 を起動してください。

　セキュリティグループでは、HTTP 80番ポートを許可しておいてください。

17.1 WordPressのアーキテクチャ

　AWS のベストプラクティスで考えると、アベイラビリティーゾーンという、障害分離の設計がされたデータセンターグループを複数使って高可用性な構成にすることが望ましいです。

　次の図は高可用性の設計です。

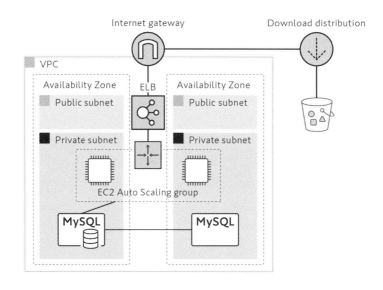

　今回はなるべく無料利用枠の範囲内で検証目的で構築しますので、次の図の設計で構築します。

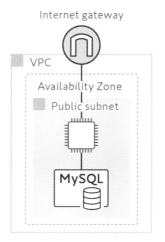

17.2 WordPressをインストールしよう

EC2インスタンスが起動すれば、次のコマンドを順に実行します。

```
$ sudo yum -y update
```

パッケージのアップデートを行います。

```
$ sudo amazon-linux-extras install php7.2 -y
$ sudo yum -y install mysql httpd
```

　PHP7.2 を amazon-linux-extras コマンドで、アパッチ Web サーバーと MySQL クライアントを yum コマンドでインストールします。

```
$ sudo chkconfig httpd on
$ sudo service httpd start
```

　OS 起動時にアパッチ Web サーバーが起動するように有効化して、アパッチ Web サーバーを起動します。

```
$ cd
$ wget http://ja.wordpress.org/latest-ja.tar.gz ~/
$ tar zxvf ~/latest-ja.tar.gz
$ sudo cp -r ~/wordpress/* /var/www/html/
$ sudo chown apache:apache -R /var/www/html
```

ホームディレクトリに移動して、wgetコマンドで、WordPressの最新版圧縮ファイルをダウンロードして、展開します。

Webサーバーのルートディレクトリに、展開したフォルダをコピーして、所有者をWebサーバーを実行している、apacheユーザーに変更します。

 ## 17.3 データベースを準備しよう

```
$ mysql -h <データベースのエンドポイント> -u admin -p<マスターユーザーのパスワード>
```

RDSインスタンスのMySQLデータベースサーバーに接続します。16章で作成したインスタンスの情報を使って接続します。

```
MySQL [(none)]>create database wordpress
Query OK, 1 row affected (0.00 sec)
```

wordpressという名前のデータベースを作成します。

```
MySQL [(none)]> quit
Bye
```

quitコマンドで抜けます。

 ## 17.4 WordPressをセットアップしよう

ブラウザからEC2インスタンスのパブリックIPアドレスにアクセスします。

> WordPressへようこそ。作業を始める前にデータベースに関するいくつかの情報が必要となります。以下の項目を準備してください。
>
> 1. データベース名
> 2. データベースのユーザー名
> 3. データベースのパスワード
> 4. データベースホスト
> 5. テーブル接頭辞 (1つのデータベースに複数のWordPressを作動させる場合)
>
> この情報はwp-config.phpファイルを作成するために使用されます。もし何かが原因で自動ファイル生成が動作しなくても心配しないでください。この機能は設定ファイルにデータベース情報を記入するだけです。テキストエディターでwp-config-sample.phpを開き、データベース情報を記入し、wp-config.phpとして保存することもできます。さらに手助けが必要ですか？わかりました。
>
> おそらく、これらのデータベース情報はホスティング先から提供されています。データベース情報がわからない場合、作業を続行する前にホスティング先と連絡を取ってください。すべての準備が整っているなら...
>
> さあ、始めましょう！

上記の画面が表示されれば、[さあ、始めましょう！]を押下します。

ユーザー名、パスワードは16章で作成したRDSインスタンスのマスターユーザーとパスワードを入力します。
データベースのホスト名には、RDSインスタンスのエンドポイントを入力します。[送信]ボタンを押下します。

> この部分のインストールは無事完了しました。WordPressは現在データベースと通信できる状態にあります。準備ができているなら...
>
> インストール実行

[インストール実行]ボタンを押下します。

ようこそ

WordPressの有名な5分間インストールプロセスへようこそ！以下に情報を記入するだけで、世界一拡張性が高くパワフルなパーソナル・パブリッシング・プラットフォームを使い始めることができます。

必要情報

次の情報を入力してください。ご心配なく、これらの情報は後からいつでも変更できます。

サイトのタイトル	AWSで構築するLinuxサーバー
ユーザー名	admin
	ユーザー名には、半角英数字、スペース、下線、ハイフン、ピリオド、アットマーク (@) のみが使用できます。
パスワード	強力 / 隠す
	重要: ログイン時にこのパスワードが必要になります。安全な場所に保管してください。
メールアドレス	
	次に進む前にメールアドレスをもう一度確認してください。
検索エンジンでの表示	✓ 検索エンジンがサイトをインデックスしないようにする
	このリクエストを尊重するかどうかは検索エンジンの設定によります。

WordPressをインストール

サイトのタイトルを任意で入力します。
ユーザー名もなんでもいいですが、adminにしました。

パスワードは、自動生成されるので、メモ帳などに記録しておきます。

メールアドレスを設定します。

今回は検証ですので、[検索エンジンがサイトをインデックスしないようにする] にチェックを入れます。

[WordPressをインストール] ボタンを押下します。

WordPressのインストールが完了しました。

[ログイン] ボタンを押下します。

17.5 WordPressをテストしてみよう

WordPressのセットアップで設定したユーザー名とパスワードでログインします。

[投稿] - [投稿一覧] を選択します。すでに [Hello world!] という記事がありますので、[編集] のリンクを選択します。

サンプル記事の編集画面が表示されました。

左上の ⊕ ボタンを押下して、画像アイコンを選択します。

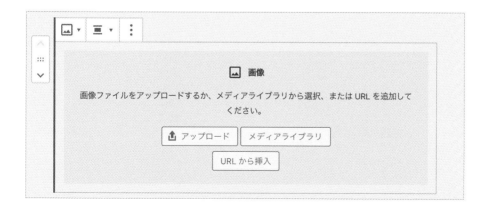

画像ブロックが追加されましたので、適当な画像をアップロードします。

305

右上の[更新]ボタンを押下して、[文書]タブ - [パーマリンク]の[投稿を表示]リンクを選択します。

記事が確認できました。

Redmineサーバーを
構築してみよう

ITS（Issue Tracking System 課題やタスクを管理するシステム）のOSS Redmineサーバーを構築してみます。データベースは、16章で構築したAmazon RDSを使用します。

Webサーバーは新たにEC2インスタンスで、Amazon Linux 2を起動する前提で手順を記載します。3章を参照して、Amazon Linux 2を起動してください。セキュリティグループでは、HTTP 80番ポートを許可しておいてください。

また、今回はec2-userを使ってログインしてインストールを行うので、セキュリティグループで、SSH 22番ポートをソースをマイIPとして許可しておいてください。

2019年12月現在の環境で、構築検証をしています。環境やモジュールのバージョンが変われば、追加の手順が必要になる場合もあります。

インストール作業中にエラーが発生したとしても、ぜひエラーメッセージやインターネット上にあるコミュニティの情報などを検索して、構築にチャレンジしてみてください。

18.1 Redmineサーバーのアーキテクチャ

AWSのベストプラクティスで考えると、複数のアベイラビリティーゾーンを使って高可用性な構成にすることが望ましいです。次の図は高可用性の設計です。

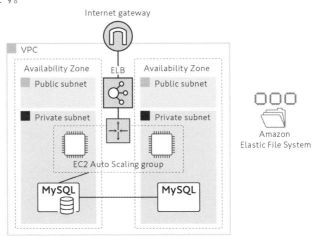

今回はなるべく無料利用枠の範囲内で検証目的で構築しますので、次の図の設計で構築します。

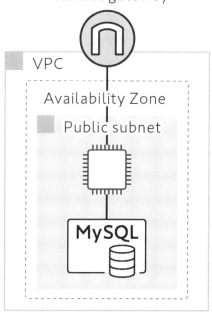

18.2 Redmine用データベースを作成してみよう

```
$ mysql -h 〈データベースのエンドポイント〉 -u admin -p〈マスターユーザーのパスワード〉
```

RDS インスタンスのMySQLデータベースサーバーに接続します。
16章で作成したインスタンスの情報を使って接続します。

```
MySQL [(none)]>create database redmine default character set utf8;
Query OK, 1 row affected (0.00 sec)
```

redmineという名前のデータベースを作成します。

```
MySQL [(none)]> quit
Bye
```

quitコマンドで抜けます。

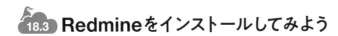

18.3 Redmineをインストールしてみよう

これまでの章で出てきたコマンドを思い出しながら実行していこう！

```
$ sudo yum -y update
$ sudo yum -y groupinstall "Development Tools"
$ sudo yum -y install openssl-devel readline-devel zlib-devel curl-devel libyaml-devel libffi-devel
$ sudo yum -y install mysql mysql-devel
$ sudo yum -y install httpd httpd-devel
$ sudo yum -y install ImageMagick ImageMagick-devel ipa-pgothic-fonts
$ sudo amazon-linux-extras install ruby2.4 -y
$ sudo yum -y install ruby-devel
```

　必要な前提モジュールをインストールします。ruby2.4はamazon-linux-extrasコマンドでインストールしています。それぞれ完了メッセージが表示されれば成功です。

```
$ sudo svn co https://svn.redmine.org/redmine/branches/4.1-stable /var/lib/redmine
```

　Redmien公式がサブバージョンで管理されているので、svnコマンドでインストールします。

```
'https://svn.redmine.org:443' のサーバ証明書の認証中にエラーが発生しました：
 - 証明書は信頼のおける機関が発行したものではありません。証明書を手動で認証
   するためにフィンガープリントを用いてください！
証明書情報：
 - ホスト名: svn.redmine.org
 - 有効範囲: Sun, 08 Jan 2017 00:00:00 GMT から Wed, 08 Jan 2020 23:59:59 GMT まで
 - 発行者: Gandi, Paris, Paris, FR
 - フィンガープリント: ab:f1:c8:b7:69:a6:99:bd:20:c1:59:a4:5f:60:9e:27:2d:81:82:b7
拒否しますか（R）、一時的に承認しますか（t）、常に承認しますか（p）? p
```

　1回目の接続で、確認メッセージが表示されます。常に承認のpを入力して継続します。
「リビジョン ～～～ をチェックアウトしました。」と表示されれば完了です。

```
$ cd /var/lib
$ sudo chown -R ec2-user:apache redmine
$ cd redmine
```

　ここから先は作成した、/var/lib/redmineディレクトリで作業を行いますが、その前にec2-userとapacheグループにオーナーユーザーとグループを変更しておきます。

```
$ sudo vim /var/lib/redmine/config/database.yml
```

Redmineが使用するデータベースの設定ファイルを作成します。

```
production:
  adapter: mysql2
  database: redmine
  host: <RDSのエンドポイント>
  username: admin
  password: <マスターユーザーのパスワード>
  encoding: utf8
```

前項で作成した、データベースに接続するよう設定情報を記述します。

```
$ sudo vim /var/lib/redmine/config/configuration.yml
```

Redmineの設定ファイルを作成します。

```
production:
  email_delivery:
    delivery_method: :smtp
    smtp_settings:
      address: "localhost"
      port: 25
      domain: "example.com"

  rmagick_font_path: /usr/share/fonts/ipa-pgothic/ipagp.ttf
```

メールサーバーはlocalhostとしてますが、今回はセットアップしてませんので、デフォルトの設定として指定しておきます。

```
$ gem install bundler --no-rdoc --no-ri
Fetching: bundler-2.0.2.gem (100%)
Successfully installed bundler-2.0.2
```

bundlerをインストールします。1 gem installedと出力されれば完了です。

```
$ bundle install --without development test --path vendor/bundle
```

必要なモジュールをインストールします。

最終行ではないですが、Bundle complete! xx Gemfile dependencies, xx gems now installed.と出力されれば完了です。

前提パッケージが不足していると、ここでエラーが発生するケースが多いです。その場合は、エラーメッセージを確認して、必要なパッケージをインストールしてから再実行してください。

```
$ RAILS_ENV=production bundle exec rake db:migrate
```

データベースにテーブルなど必要な構成を作成します。多くのログが出力されますが、エラーが発生しなければ完了です。

構築検証した際の出力最終行は

== 20190620135549 ChangeRolesNameLimit: migrated (0.0299s) =

でした。

```
$ RAILS_ENV=production REDMINE_LANG=ja bundle exec rake redmine:load_default_data
```

初期データをセットアップします。

Default configuration data loaded.と出力されれば完了です。

```
$ gem install passenger -v 5.1.12 --no-rdoc --no-ri
$ passenger-install-apache2-module --auto --languages ruby
```

passengerをインストールします。長い時間がかかります。

警告も出力されますが、Redmineの動作への影響はありません。

```
$ passenger-install-apache2-module --snippet
```

passengerインストール後に、Webサーバーの設定ファイルに書く内容を表示します。

以下のような設定情報が表示されますのでコピーします。

```
LoadModule passenger_module /home/ec2-user/.gem/ruby/gems/passenger-5.1.12/buildout/apache2/mod_passenger.so
<IfModule mod_passenger.c>
```

```
  PassengerRoot /home/ec2-user/.gem/ruby/gems/passenger-5.1.12
  PassengerDefaultRuby /usr/bin/ruby
</IfModule>
```

設定ファイルを作成して、書き込みます。

```
$ sudo vim /etc/httpd/conf.d/redmine.conf
```

書き込む内容は先ほどの**LoadModule**以下と、ディレクトリの権限情報です。

```
<Directory "/var/lib/redmine/public">
  Require all granted
</Directory>

LoadModule passenger_module /home/ec2-user/.gem/ruby/gems/passenger-5.1.12/buildout/apache2/mod_passenger.so
<IfModule mod_passenger.c>
  PassengerRoot /home/ec2-user/.gem/ruby/gems/passenger-5.1.12
  PassengerDefaultRuby /usr/bin/ruby
</IfModule>
```

保存します。

```
$ sudo vim /etc/httpd/conf/httpd.conf
```

DocumentRootの行を探して、**Redmine**をインストールしたディレクトリで指定します。

```
DocumentRoot "/var/lib/redmine/public"
```

保存します。

```
$ sudo chkconfig httpd on
$ sudo service httpd start
```

Webサーバーの自動起動を有効にして、起動します。
EC2インスタンスのパブリックIPアドレスをコピーして、ブラウザから確認します。

18.4 Redmine動作確認

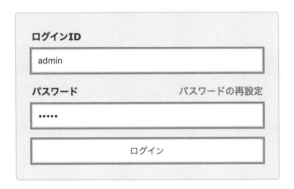

右上の［ログイン］ボタンを押下します。

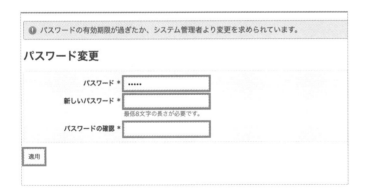

初期状態では、ユーザー admin、パスワード adminでログインできます。

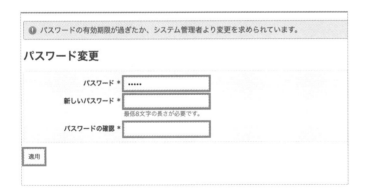

任意のパスワードに変更します。ここまでで初期設定は完了です。

　Redmineの使い方については、コミュニティによる情報共有が多くされてますので、インターネットで検索をして、使ってみてください。

EC2インスタンス
もっと知りたいこと

EC2 インスタンス もっと知りたいこと

EC2インスタンスを利用する際に、知っておいていただきたい情報をここでは解説します。

- 購入オプション
- インスタンスタイプ
- 起動テンプレート
- 制限
- リタイア
- Amazon Time Sync Service/TimeZone

- トラブルシューティング
- **MATE** デスクトップ環境
- ローカライゼーション
- メール管理
- プリンタ管理

 19.1 購入オプションについて知ろう

EC2には、ニーズに基づいて選択できる購入オプションがいくつかあります。

購入オプション	概要
オンデマンドインスタンス	起動するインスタンスに対して秒単位、時間単位で課金されます。特に他のオプションを選択していない場合はオンデマンドインスタンスになります。使いたいときに使いたい量を使うことができ、要らなくなれば利用をやめることができます。
Savings Plans	1～3年の期間、1時間単位の料金で一定の使用量を守ることによりコストを削減します。
リザーブドインスタンス	1～3年の期間、インスタンスタイプとリージョンを含む一定のインスタンス設定を守ることによりコストを削減します。予約して利用権利を購入するイメージで使用できます。利用している複数アカウントの合計量でも適用させることができます。
スケジュールされたインスタンス	1年の期間、指定された定期的なスケジュールで常に使用できるインスタンスを購入します。スケジュールを事前設定することにより、コスト削減になります。
スポットインスタンス	アベイラビリティゾーン単位で未使用の EC2 インスタンスをリクエストして、スポット料金で利用することにより、コストを大幅に削減します。
Dedicated Hosts	完全にインスタンスの実行専用の物理ホストに対して課金が発生します。既存のソケット単位、コア単位、または VM 単位のソフトウェアライセンスを持ち込んでコストを削減できます。
ハードウェア専有インスタンス	シングルテナントハードウェアで実行されるインスタンスに対して、時間単位で追加料金のコストが発生します。
キャパシティーの予約	特定のアベイラビリティーゾーンの EC2 インスタンスに対して任意の期間キャパシティーを予約します。1 年 ~3 年の期間、継続して使う場合はリザーブドインスタンスを使用しますが、1 年に満たない期間で確実に使用したい場合は、予約をします。

EC2をコスト効率よく使おう！

19.2 インスタンスタイプについて知ろう

本書では、EC2インスタンスを使用する際に、t2.micro というインスタンスタイプを使ってきました。
インスタンスタイプには他にも様々な種類があります。

[T2.micro] を例に、表記について説明します。
- **T** - ファミリー。何のために使うのか、用途に応じて選択します。
- **2** - 世代。新しい世代の方が効率的に利用できます。
- **micro** - サイズ。**nano, micro, small, medium, large** などvCPUやメモリ、ネットワークなど性能を表します。

指定したインスタンスファミリーによって、インスタンスに使用するホストコンピュータのハードウェアが決まります。
インスタンスタイプごとに、コンピューティング、メモリ、およびストレージの機能は異なり、これらの機能に基づいてインスタンスファミリーにグループ分けされます。
インスタンスタイプは、インスタンス上で実行するアプリケーションやソフトウェアの要件に基づいて選択します。

主なインスタンスファミリーについて以下に記載します。

汎用

t2, t3, t3a, a1, m4, m5, m5a, m5ad, m5n, m5dn などのファミリーがあります。
主な使用用途は以下のケースです。

- ウェブサーバーとアプリケーションサーバー
- 中小規模のデータベース
- ゲームサーバー
- キャッシュフリート
- **SAP、Microsoft SharePoint**、クラスター

コンピュート最適化

c4, c5, c5d, c5n などのファミリーがあります。主な使用用途は以下のケースです。

- 作業負荷のかかるバッチ処理
- メディアファイルの変換
- 高性能なウェブサーバー
- ハイパフォーマンスコンピューティング（**HPC**）
- 高性能な専用ゲームサーバーおよび広告エンジン
- 機械学習推論やその他の大量の演算を行うアプリケーション

Chapter.19 / EC2インスタンス もっと知りたいこと

メモリ最適化

r4, r5, r5a, r5d,r5ad, r5n, r5dn, x1, x1e, z1d などのファミリーがあります。
主な使用用途は以下のケースです。

- ハイパフォーマンスリレーショナル（**MySQL**）および **NoSQL**（**MongoDB**、**Cassandra**）データベース。
- キー値タイプのデータ（**Memcached** および **Redis**）のインメモリキャッシュを提供する分散型ウェブスケールルキャッシュストア。
- ビジネスインテリジェンス用に最適化されたデータストレージ形式と分析機能（**SAPHANA** など）を使用するインメモリデータベース。
- 巨大な非構造化データ（金融サービス、**Hadoop/Spark** クラスター）のリアルタイム処理を実行するアプリケーション。

ストレージ最適化インスタンス ユースケース

d2, h1, i3, i3en などのファミリーがあります。主な使用用途は以下のケースです。

- 超並列処理（**MPP**）データウェアハウス
- **MapReduce** および **Hadoop** 分散コンピューティング
- ログまたはデータ処理アプリケーション
- 大量のデータへの高スループットアクセスを必要とするアプリケーション
- 高頻度オンライントランザクション処理（**OLTP**）システム
- データウェアハウスアプリケーション

高速コンピューティングインスタンス ユースケース

f1, g3, g4dn, p2, p3 などのファミリーがあります。主な使用用途は以下のケースです。

- 機械学習
- **GPU** ベースのインスタンスが必要
- **FPGA** ベースのインスタンスが必要
- **NVIDIA Tesla** を使用したインスタンスが必要

Nitroベースのインスタンス

Nitro システムは、高パフォーマンス、高可用性、高セキュリティを実現する AWSで構築されたハードウェアとソフトウェアのコンポーネントの集合です。

また、ベアメタル機能を備えることで、仮想化オーバーヘッドを排除するとともに、ホストハードウェアへのフルアクセスを要求するワークロードをサポートします。

インスタンスタイプ

以下のインスタンスが Nitro システムに基づいています。

- **A1、C5、C5d、C5n、G4、I3en、M5、M5a、M5ad、M5d、M5dn、M5n、p3dn.24xlarge、R5、R5a、R5ad、R5d および z1d**
- **ベアメタル : c5.metal, c5d.metal, c5n.metal, i3.metal, i3en.metal, m5.metal, m5d.metal, r5.metal, r5d.metal, u-6tb1.metal, u-9tb1.metal, u-12tb1.metal, u-18tb1.metal, u-24tb1.metal, and z1d.metal**

 ## 19.3 起動テンプレートの設定項目を知ろう

インスタンスを起動するための設定情報は、EC2インスタンスを作成するたびに毎回設定しなくても、起動テンプレートであらかじめ設定しておくことができます。

起動テンプレートで事前指定できる主な設定を、以下に記載します。

- **AMI ID**
- **インスタンスタイプ**
- **キーペア名**
- **セキュリティグループ**
- **ネットワークインターフェイス**
- **サブネット**
- **自動割り当てパブリックIP**
- **ストレージサイズ**
- **ボリュームタイプ**
- **スポットインスタンスのリクエスト**
- **IAM インスタンスプロファイル**
- **モニタリング**
- **ユーザーデータ**

 ## 19.4 様々な制限

リージョンごと、AWSアカウントごとに実行できるオンデマンドインスタンスの量には制限があります。

オンデマンドインスタンスの制限は、インスタンスタイプに関係なく、実行しているオンデマンドインスタンスで使用している仮想中央演算装置(vCPU)の数で管理されます。これはvCPUベースのインスタンス制限と呼ばれています。

以前は、インスタンスタイプごとに、インスタンス数で制限されていましたが、廃止されました。

EC2ダッシュボードの [制限] メニューで現在のアカウントで選択したリージョンでの上限を確認することができます。

19.5 自動的なリタイアについて知ろう

EC2インスタンスが起動している、ホストのハードウェアで回復不可能な障害が検出されると、AWSによってインスタンスのリタイアが予定されます。予定されたリタイア日になると、インスタンスは AWS によって停止または削除されます。

インスタンスのルートデバイスが Amazon EBS ボリュームである場合、インスタンスは停止されますが、その後いつでも再び起動できます。

インスタンスのルートデバイスがインスタンスストアボリュームである場合、インスタンスは削除し、再び使用することはできません。

インスタンスのリタイアが予定された場合、イベントの前に、当該のインスタンス IDとリタイア日を記載したメールが、ルートユーザーのメールアドレスに送信されます。

 ## 19.6 Amazon Time Sync Service/TimeZone

本書で使用しているAmazon Linux 2では、Amazon Time Sync Serviceと時刻が同期されています。
chronyc sources -v コマンドで確認できます。

```
$ chronyc sources -v
210 Number of sources = 5

  .-- Source mode  '^' = server, '=' = peer, '#' = local clock.
 / .- Source state '*' = current synced, '+' = combined , '-' = not combined,
| /   '?' = unreachable, 'x' = time may be in error, '~' = time too variable.
||                                             .- xxxx [ yyyy ] +/- zzzz
||      Reachability register (octal) -.       |  xxxx = adjusted offset,
||      Log2(Polling interval) --.      |      |  yyyy = measured offset,
||                              \        |      |  zzzz = estimated error.
||                               |       |       \
MS Name/IP address           Stratum Poll Reach LastRx Last sample
===============================================================================
^* 169.254.169.123                 3    4    77    15   -5907ns[+1141us] +/-  508us
^- 162.159.200.123                 3    6    17    21   +8133us[+9280us] +/-   61ms
^- jptyo5-ntp-004.aaplimg.c>       1    6    17    21    +610us[+1757us] +/- 1788us
^- 122x215x240x52.ap122.ftt>       2    6    17    21    +123us[+1269us] +/-   39ms
^- kuroa.me                        2    6    17    20     -46us[+1101us] +/-   33ms
```

[^* 169.254.169.123] が優先時刻ソースになっています。

タイムゾーンを確認してみましょう。

```
$ date
Mon Dec 16 11:10:08 UTC 2019
```

タイムゾーンはUTC(協定世界時)になっています。日本のJSTとは9時間の差があります。
タイムゾーンを日本に変更する方法を解説します。

```
$ ls /usr/share/zoneinfo | grep Japan
Japan
```

/usr/share/zoneinfo ディレクトリには設定可能なタイムゾーンファイルが格納されています。
Japanもあります。

```
$ sudo vim /etc/sysconfig/clock
```

/etc/sysconfig/clockファイルを編集します。初期状態では、UTCが指定されています。

```
ZONE="UTC"
UTC=true
```

ZONE="UTC を変更します。

```
ZONE="Japan"
UTC=true
```

保存します。

```
$ sudo ln -sf /usr/share/zoneinfo/Japan /etc/localtime
```

/etc/localtimeに対してシンボリックリンクを作成します。EC2インスタンスを再起動します。

```
$ date
Mon Dec 16 20:21:52 JST 2019
```

タイムゾーンがJSTになりました。

19.7 トラブルシューティング

19.7.1 インスタンスが起動しない

インスタンスが起動できない際に発生するエラーメッセージを確認します。

InstanceLimitExceeded エラーが発生している場合は、アカウントごとリージョンごとの制限に達しています。制限引き上げのリクエストを実行します。

InsufficientInstanceCapacity エラーが発生している場合は、対象のアベイラビリティゾーンでオンデマンドキャパシティが不足している可能性があります。数分待ってから起動するか、同時起動インスタンスを複数指定している場合は、インスタンス数を減らして起動します。
ほかのアベイラビリティゾーンで起動したり、ほかのインスタンスタイプを選択する方法でも対応できる場合があります。

19.7.2 インスタンスがpending からterminated に変わり、すぐに削除される

いくつかの理由が考えられます。該当のEC2インスタンスをマネジメントコンソールで選択します。
下部の詳細ペインの［説明］タブに、［状態遷移の理由］［状態遷移の理由メッセージ］を確認します。

Client.VolumeLimitExceeded: Volume limit exceeded の場合は、EC2にアタッチするEBSボリュームが制限に達しています。制限引き上げのリクエストを実行します。

Client.InternalError: Client error on launch の場合は、ルートボリュームが暗号化されていて、複合用のKMSキーにアクセスする権限がありません。マスターキーのキーポリシー、IAMユーザーのポリシーを確認します。

ルートボリュームを新たにアタッチして起動した場合は、ボリュームのパスが間違っている場合もあります。
または、ボリュームが破損している場合もあります。

19.7.3 EC2インスタンスへの接続がタイムアウトする

ネットワークの設定が原因であることが多いです。
- サブネットのルートテーブルが意図したものになっているか確認する。
- セキュリティグループのインバウンドらフィックで許可するポート、送信元（ソース）が正しいか確認する。
- ネットワークアクセスコントロールリスト（**NACL**）で、該当のポート、送信元がブロックされていないか、インバウンド、アウトバウンドトラフィック両方を確認する。
- **AWS**側の設定は問題ない場合は、クライアント側のネットワークでブロックしていないか確認する。

19.7.4 SSHでログインができない

OSによって、起動時のデフォルトユーザーが異なります。

- **Amazon Linux 2、Amazon Linux**の場合は、**ec2-user**
- **Ubuntu**の場合は、**ubuntu**
- **RHEL**の場合は、**ec2-user, root**のどちらか
- **Debian**の場合は、**admin, root**のどちらか
- **CentOS**の場合は、**centos**
- **SUSE**の場合は、**ec2-user, root**のどちらか
- **Fedora**の場合は、**ec2-user, root**のどちらか

ユーザーが正しい場合で、Mac, Linuxからのログインの場合は、秘密鍵のパーミッションが600になっているかを確認します。

19.7.5 EC2インスタンス停止時に、stopping 状態からすすまない

マネジメントコンソールから該当のEC2インスタンスを選択肢、もう一度、[アクション] - [インスタンスの状態] - [停止] を選択し、[強制的に停止する] が表示されれば選択します。

19.7.6 EC2インスタンス システムログ

EC2インスタンスのシステムログから判明したエラー情報が問題のトラブルシューティングに役立つ場合もあります。サポートを受ける際にも役立つ場合があります。

該当のEC2インスタンスを選択して、[アクション] - [インスタンスの設定] - [システムログの取得] を選択します。

Chapter.19 / EC2インスタンス もっと知りたいこと

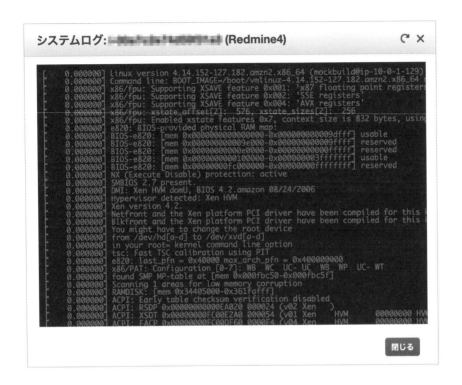

システムログが表示されます。

Out of memory や kill process が出力されている場合

メモリ不足です。メモリ容量を増やすためにインスタンスタイプを変更するか、仮想メモリを追加して確認します。

I/O error が出力されている場合

EBSボリュームに障害が発生した可能性があります。

EC2インスタンスを停止して、EBSボリュームを停止し、スナップショットを作成してボリュームを再作成してアタッチします。

19.7.7 EC2インスタンスに到達不能となる

EC2インスタンスを停止して、開始します。

停止も強制停止もできない場合、許容できるならAMIからEC2インスタンスを再作成します。

19.7. 8 Linux起動時のイベント確認

Linux起動時のカーネル処理はdmesgコマンドで確認できます。

```
$ dmesg

[    0.000000] Linux version 4.14.152-127.182.amzn2.x86_64 (mockbuild@ip-10-0-1-129) (gcc version 7.3.1
                20180712 (Red Hat 7.3.1-6) (GCC)) #1 SMP Thu Nov 14 17:32:43 UTC 2019
[    0.000000] Command line: BOOT_IMAGE=/boot/vmlinuz-4.14.152-127.182.amzn2.x86_64 root=UUID=e8f49d85-
                e739-436f-82ed-d474016253fe ro console=tty0 console=ttyS0,115200n8 net.ifnames=0
                biosdevname=0 nvme_core.io_timeout=4294967295 rd.emergency=poweroff rd.shell=0
[    0.000000] x86/fpu: Supporting XSAVE feature 0x001: 'x87 floating point registers'
[    0.000000] x86/fpu: Supporting XSAVE feature 0x002: 'SSE registers'
[    0.000000] x86/fpu: Supporting XSAVE feature 0x004: 'AVX registers'
[    0.000000] x86/fpu: xstate_offset[2]:  576, xstate_sizes[2]:  256
[    0.000000] x86/fpu: Enabled xstate features 0x7, context size is 832 bytes, using 'standard' format.
[    0.000000] e820: BIOS-provided physical RAM map:
[    0.000000] BIOS-e820: [mem 0x0000000000000000-0x000000000009dfff] usable
[    0.000000] BIOS-e820: [mem 0x000000000009e000-0x000000000009ffff] reserved
[    0.000000] BIOS-e820: [mem 0x00000000000e0000-0x00000000000fffff] reserved
[    0.000000] BIOS-e820: [mem 0x0000000000100000-0x000000003fffffff] usable
[    0.000000] BIOS-e820: [mem 0x00000000fc000000-0x00000000ffffffff] reserved
[    0.000000] NX (Execute Disable) protection: active
[    0.000000] SMBIOS 2.7 present.
[    0.000000] DMI: Xen HVM domU, BIOS 4.2.amazon 08/24/2006
[    0.000000] Hypervisor detected: Xen HVM
[    0.000000] Xen version 4.2.

~省略~
```

19.7. 9 再起動

EC2インスタンスの再起動は、マネジメントコンソールやCLIなどから行います。
従来のshutdown -rコマンドでOSの再起動を行う場合に比べると以下のようなメリットがあります。

- インスタンスが4分以内に完全にシャットダウンしない場合ハードリブートが実行される。
- AWS CloudTrailを有効にしている場合、インスタンスが再起動されたことを残せるので追跡調査が可能になる。

マネジメントコンソールからの再起動

AWS CLIコマンドからの再起動

```
aws ec2 reboot-instances --instance-ids インスタンスID
```

19.8 Amazon Linux2にGUIをインストールしてみよう

　Amazon Linux2でGUI（グラフィカルユーザーインターフェース）を実行します。Amazon Linux2で利用可能な、MATEデスクトップ環境を利用します。

　MATEは軽量なGNOMEデスクトップ環境です。

amazon-linux-extrasコマンドでMATEデスクトップをインストールします。

```
$ sudo amazon-linux-extras install mate-desktop1.x

Installing marco, mesa-dri-drivers, mate-session-manager, mate-terminal, dejavu-
sans-fonts, caja, mate-panel, dejavu-sans-mono-fonts, dejavu-serif-fonts

~中略~

Complete!

~後略~
```

すべてのユーザーに対して、MATEをデフォルトのデスクトップとして定義します。

```
$ sudo bash \
-c 'echo PREFERRED=/usr/bin/mate-session \
> /etc/sysconfig/desktop'
```

TigerVNCパッケージをインストールします。

```
$ sudo yum install tigervnc-server

Loaded plugins: extras_suggestions, langpacks, priorities, update-motd

~中略~

Complete!
```

ユーザーに対してのVNCパスワードを設定します。今回は閲覧専用のユーザー設定は必要なしとしました。

```
$ vncpasswd

vncpasswd
Password:
Verify:
Would you like to enter a view-only password (y/n)? n
A view-only password is not used
```

VNCサーバー用の新規 systemdユニットを作成します。

```
$ sudo cp \
/lib/systemd/system/vncserver@.service \
/etc/systemd/system/vncserver@.service
```

VNCサーバー用ユニットのすべての <USER> 文字列をssm-userに置き換えます。

```
$ sudo sed \
-i 's/<USER>/ssm-user/' \
/etc/systemd/system/vncserver@.service
```

systemdマネージャー設定を再読み込みします。

```
$ sudo systemctl daemon-reload
```

サービスを有効にします。

```
$ sudo systemctl enable vncserver@:1

Created symlink from /etc/systemd/system/multi-user.target.wants/vncserver@:1.service to /etc/systemd/system/vncserver@.service.
```

サービスを起動します。

```
$ sudo systemctl start vncserver@:1
```

使用するクライアントに、TigerVNCクライアントをインストールします。
TigerVNCクライアントは、Windows用、MacOS用などがあります。

セキュリティグループに許可ルールを追加します。
本番環境などで、セキュリティが求められる際には、SSHフォワーディングで接続できるように構成しますが、本書では検証目的として、VNCのポート番号をセキュリティグループで直接許可します。
ただし、公開範囲を最小化するために、送信元のIPアドレスは1つだけに限定します。

マネジメントコンソール で [サービス] - [VPC] の左ペインで [セキュリティグループ] を選択します。
EC2インスタンスで使用しているセキュリティグループを選択して、下ペインのインバウンドタブで、[ルールの編集] を押下します。

[ルールの追加] を押下して、新規インバウンドルールを追加します。
カスタムTCPルールを選択して、5901 を指定し、送信元（ソース）は、今使用しているグローバルIPアドレスと /32 と入力します。
図の 1.2.3.4 は使用しているネットワーク環境によって個別です。

これで、サーバーとAWS側の設定は完了です。

19.8.1 WindowsクライアントからVNC接続

Windowsクライアント PCからVNC 接続する手順を解説します。

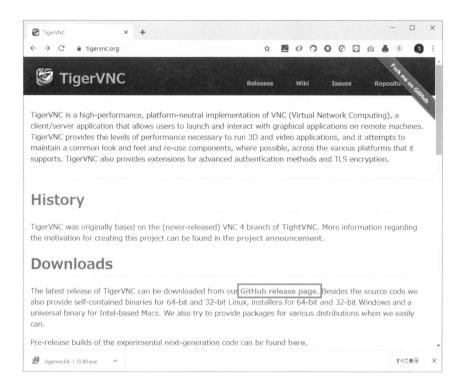

Webブラウザで、TigerVNCを検索して、サイトにアクセスします。
「GitHub release page.」へのリンクを選択します。

GitHubのTigerVNCページでダウンロードファイルがある先のリンクが記載されているので選択します。
執筆時点では、bintray.comに公開されています。

Windows用のvncviewer exeファイルを探します。

筆者のWindowsクライアントは64bitですので、vncviewer64-1.10.1.exeをダウンロードしました。

ダウンロードしたvncviewer実行ファイルを起動します。

[VNC server]に、EC2インスタンスのパブリックIPアドレスとポート番号5901を入力します。

筆者環境では、52.198.87.179:5901でした。[Connect]ボタンを押下します。

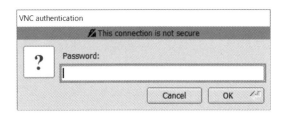

vncpasswdで設定したパスワードを入力します。

接続できました。

19.8.2 MacOSからVNC接続してみよう

MacOSから、VNC接続する手順を解説します。MacOSからはFinderのメニューから、VNCサーバーへ接続します。

Finderの[移動]-[サーバー接続]を選択します。

vnc://EC2インスタンスのパブリックIPアドレス:5901と入力して、[接続]ボタンを押下します。

筆者環境では、vnc://52.198.87.179:5901でした。

vncpasswdで設定したパスワードを入力します。

接続できました。

19.8.3 アクセシビリティを設定しよう

ユーザー補助機能全般をアクセシビリティと言います。キーボード、マウスのアクセシビリティの設定を解説します。

VNCに接続して、[System] - [Control Center] を選択します。

[Hardware] セクションで、[Keyboard] を選択します。

[Accessibility] タブでいくつか設定があります。

• **Sticky Keys**（スティッキーキー）

　Ctrl キーなど複数キーを同時に押すことが困難な場合は、順番に押下することで有効とする機能です。

• **Slow Keys**（スローキー）

　押下間違いを防ぐために長く押された場合のみ、入力を受け付けることができます。

• **Bounce Keys**（バウンスキー）

　素早く連続したキー押下を無視させることができます。

Control Center で [Mouse] を選択すればマウスの設定ができます。

ダブルクリックの速さを調整したり、ポインタのスピードを調整することができます。

19.9 ローカライゼーション

ロケール設定は、localeコマンドで確認できます。Amazon Linux2の初期設定は以下です。

```
$ locale
LANG=en_US.UTF-8
LC_CTYPE="en_US.UTF-8"
LC_NUMERIC="en_US.UTF-8"
LC_TIME="en_US.UTF-8"
LC_COLLATE="en_US.UTF-8"
LC_MONETARY="en_US.UTF-8"
LC_MESSAGES="en_US.UTF-8"
LC_PAPER="en_US.UTF-8"
LC_NAME="en_US.UTF-8"
LC_ADDRESS="en_US.UTF-8"
LC_TELEPHONE="en_US.UTF-8"
LC_MEASUREMENT="en_US.UTF-8"
LC_IDENTIFICATION="en_US.UTF-8"
LC_ALL=
```

環境変数なので、一時的に変更したい場合は、変数を上書きします。例えば日本語の場合は、ja_JP.UTF-8です。

```
$ LANG=ja_JP.UTF-8

$ abc
sh: abc: コマンドが見つかりません
```

エラーメッセージが日本語に変わりました。

19.10 メールを管理してみよう

Amazon Linux2にはデフォルトでpostfixというSMTPサーバーがインストールされ、サービスとして起動しています。

```
$ systemctl | grep postfix

postfix.service    loaded active running   Postfix Mail Transport Agent
```

```
$ systemctl status postfix

● postfix.service - Postfix Mail Transport Agent
   Loaded: loaded (/usr/lib/systemd/system/postfix.service; enabled; vendor
preset: disabled)
   Active: active (running) since Sun 2020-03-29 17:04:03 JST; 3h 38min ago
  Process: 3023 ExecStart=/usr/sbin/postfix start (code=exited, status=0/SUCCESS)
  Process: 3014 ExecStartPre=/usr/libexec/postfix/chroot-update (code=exited,
status=0/SUCCESS)
  Process: 3010 ExecStartPre=/usr/libexec/postfix/aliasesdb (code=exited,
status=0/SUCCESS)
 Main PID: 3136 (master)
   CGroup: /system.slice/postfix.service
           ├─ 3136 /usr/libexec/postfix/master -w
           ├─ 3138 qmgr -l -t unix -u
           └─14890 pickup -l -t unix -u
```

動作テストするためのmailコマンドはありませんので、インストールします。

```
$ sudo yum install -y mailx

Loaded plugins: extras_suggestions, langpacks, priorities, update-motd

～中略～

Complete!
```

ssm-userの受信メールは、/var/spool/mail/ssm-userにあるので、直接見てもいいのですが、受信したメールがすべて同じファイルに記録されているので見にくいです。
mailコマンドを使います。

```
$ mail

Heirloom Mail version 12.5 7/5/10.  Type ? for help.
```

```
"/var/mail/ssm-user": 5 messages 4 unread
>U  1 (Cron Daemon)        Sun Mar 29 18:37  27/1281  "Cron <ssm-user@ip-172-31-45-84> $HOME/work/s3sync.sh"
 U  2 (Cron Daemon)        Sun Mar 29 18:38  27/1272  "Cron <ssm-user@ip-172-31-45-84> $HOME/work/s3sync.sh"
&
```

2件のメールが届いています。「&」で入力待ちになっているので、読みたいメールの番号を入力します。

```
& 2

Message  2:
From ssm-user@ip-172-31-45-84.ap-northeast-1.compute.internal  Sun Mar 29 18:38:02 2020
Return-Path: <ssm-user@ip-172-31-45-84.ap-northeast-1.compute.internal>
X-Original-To: ssm-user
Delivered-To: ssm-user@ip-172-31-45-84.ap-northeast-1.compute.internal
From: "(Cron Daemon)" <ssm-user@ip-172-31-45-84.ap-northeast-1.compute.internal>
To: ssm-user@ip-172-31-45-84.ap-northeast-1.compute.internal
Subject: Cron <ssm-user@ip-172-31-45-84> $HOME/work/s3sync.sh
Content-Type: text/plain; charset=UTF-8
Auto-Submitted: auto-generated
Precedence: bulk
X-Cron-Env: <XDG_SESSION_ID=19>
X-Cron-Env: <XDG_RUNTIME_DIR=/run/user/1001>
X-Cron-Env: <LANG=en_US.UTF-8>
X-Cron-Env: <SHELL=/bin/sh>
X-Cron-Env: <HOME=/home/ssm-user>
X-Cron-Env: <PATH=/usr/bin:/bin>
X-Cron-Env: <LOGNAME=ssm-user>
X-Cron-Env: <USER=ssm-user>
Date: Sun, 29 Mar 2020 18:38:02 +0900 (JST)
Status: RO

warning: Skipping file /home/ssm-user/work/messages. File/Directory is not readable.
warning: Skipping file /home/ssm-user/work/messages.org. File/Directory is not readable.
```

crontabにより実行したシェルスクリプトで警告が発生していました。

メールの確認を終えるときは、qを入力して Enter キーを押下することで終了できます。

```
& q
Held 5 messages in /var/mail/ssm-user
You have mail in /var/mail/ssm-user
```

メールの転送設定ができます。/etc/aliasesを使用します。

ec2-user宛のメールをssm-userにも転送します。/etc/aliasesファイルを編集します。

```
$ sudo vim /etc/aliases
```

以下を最終行に追記して保存します。

```
ec2-user:        ssm-user, ec2-user
```

/etc/aliases.db データベースを更新します。

```
$ sudo newaliases
```

ec2-user にメールを送信します。

```
$ mail -s ec2-user さんへ ec2-user
こんにちは、ec2-user さん

.
EOT
```

-s オプションは件名です。件名の次に宛先になるユーザー名を指定します。
次に本文を書いていきます。「.」で本文終わりとなり送信されます。

```
$ mail
Heirloom Mail version 12.5 7/5/10.  Type ? for help.
"/var/mail/ssm-user": 6 messages 1 new 4 unread
 U  1 (Cron Daemon)        Sun Mar 29 18:37  27/1281  "Cron <ssm-user@ip-172-31-45-84> /home/ssm-user/work/s3sync.sh"
    2 (Cron Daemon)        Sun Mar 29 18:38  27/1273  "Cron <ssm-user@ip-172-31-45-84> $HOME/work/s3sync.sh"
>N  3 ssm-user@ip-172-31-4 Sun Mar 29 21:09  19/861   "ec2-user さんへ"
&
```

mail コマンドで受信を確認すると、届いています。
先頭の N は New 新着を意味します。U は Unread 未読を意味します。

```
& 3

Message  3:
From ssm-user@ip-172-31-45-84.ap-northeast-1.compute.internal  Sun Mar 29 21:09:15 2020
Return-Path: <ssm-user@ip-172-31-45-84.ap-northeast-1.compute.internal>
X-Original-To: ec2-user
```

```
Delivered-To: ec2-user@ip-172-31-45-84.ap-northeast-1.compute.internal
Date: Sun, 29 Mar 2020 21:09:15 +0900
To: ec2-user@ip-172-31-45-84.ap-northeast-1.compute.internal
Subject: ec2-userさんへ
User-Agent: Heirloom mailx 12.5 7/5/10
Content-Type: text/plain; charset=utf-8
From: ssm-user@ip-172-31-45-84.ap-northeast-1.compute.internal
Status: R

こんにちは、ec2-userさん
```

ec2-userに送信したメールが確認できました。

19.10.1 EC2インスタンスから外部へメールを送信する際の制限について知ろう

デフォルトでは、Amazon EC2はすべてのインスタンスでSMTP ポート 25のトラフィックは制限されています。これは、大量なEC2インスタンスを使用したスパムメールなどの迷惑行為が発生しないように守っています。

マネジメントコンソール右上の [サポート] - [サポートセンター] メニューで、サポートケースを作成することで、申請し制限解除できます。

制限解除する際には、Elastic IPアドレスとDNS設定情報が必要です。

EC2が悪用されないように守っています！

19.11 プリンタを管理してみよう

19.11.1 CUPSサービスの起動

Amazon Linux2では多くのLinuxディストリビューションで利用されている、印刷サブシステムCUPSが採用されています。

CUPSはWebブラウザ経由で設定ができます。CUPSの設定を外部から行えるようにCUPSの設定を変更します。CUPSの設定は、/etc/cups/cupsd.confにあります。

```
$ sudo vim /etc/cups/cupsd.conf
```

Listen localhost:631をコメントアウトして、Listen 631とします。

```
#Listen localhost:631
Listen 631
```

httpsアクセスが強要されないよう下記も設定します。

```
DefaultEncryption Never
```

3つのパスに対してのアクセス制御セクションに、Allow From Allを追加します。

```
# Restrict access to the server...
<Location />
  Order allow,deny
  Allow From All
</Location>

# Restrict access to the admin pages...
<Location /admin>
  Order allow,deny
  Allow From All
</Location>

# Restrict access to configuration files...
<Location /admin/conf>
  AuthType Default
  Require user @SYSTEM
  Order allow,deny
  Allow From All
</Location>
```

EC2に設定しているセキュリティグループにも631番ポートに対して、アクセス元のグローバルIPアドレスを送信元として許可ルールを設定しておきます。

CUPSサービスを起動します。

```
$ sudo systemctl start cups

$ systemctl status cups

● cups.service - CUPS Printing Service
   Loaded: loaded (/usr/lib/systemd/system/cups.service; enabled; vendor preset: enabled)
   Active: active (running) since Sun 2020-03-29 22:50:02 JST; 2s ago
 Main PID: 23299 (cupsd)
   CGroup: /system.slice/cups.service
           └─23299 /usr/sbin/cupsd -f
```

ブラウザから、http://EC2インスタンスのパブリックIPアドレス:631 にアクセスします。

設定画面が表示されました。

19.11.2 cups-pdfをインストールしてみよう

検証向けに擬似的な印刷を実行するために、PDFプリンタ（印刷実行でPDFファイルを生成）のcups-pdfをインストールします。

```
$ sudo yum install -y cups-pdf

Loaded plugins: extras_suggestions, langpacks, priorities, update-motd

～中略～
```

```
Complete!
```

cups-pdf のモデル名を確認します。

```
$ lpinfo -l --make-and-model CUPS-PDF -m
Model:  name = CUPS-PDF.ppd
        natural_language = en
        make-and-model = Generic CUPS-PDF Printer
        device-id = MFG:Generic;MDL:CUPS-PDF Printer;DES:Generic CUPS-PDF Printer;CLS:PRINTER;CMD:POSTSCRIPT;
```

cups-pdf の URI を確認します。

```
$ sudo lpinfo -l -v | grep cups-pdf
Device: uri = cups-pdf:/
```

cups-pdf をデフォルトプリンタとして登録します。

```
$ sudo lpadmin -p CUPS-PDF -v cups-pdf:/ -m CUPS-PDF.ppd -E
$ sudo lpadmin -d CUPS-PDF
```

lpr コマンドで印刷します。

```
$ lpr ~/work/test.txt
```

デフォルト設定では、ユーザーの home ディレクトリに PDF が出力されました。

```
$ ls ~ | grep pdf
test.pdf
```

印刷キューに溜まっているジョブがあるときは、lpq コマンドで確認できます。

```
$ lpq
CUPS-PDF is ready
no entries
```

印刷キューのジョブを削除する場合は、lprm コマンドで削除ができます。

```
$ lprm -
```

学習の終わりに
AWSリソースを削除しよう

学習の終わりに**AWSリソースを削除しよう**

不要になったAWSリソースは削除して課金が発生しないようにしましょう。ここでは本書で扱った各AWSリソースの削除手順を記載します。

20.1 AMIの登録解除とEBSスナップショットを削除しよう

EC2のAMIが不要になった場合は[登録解除]を行います。
AMIの登録解除後に、紐付いていたEBSのスナップショットも忘れずに削除しましょう。

EC2ダッシュボードで左ナビゲーションペインの[イメージ]-[AMI]を選択して、AMIの一覧でAMIのIDを確認します。この例では、ami-0e7a90b5cd496213fとなっていました。

同じくEC2ダッシュボードで左ナビゲーションペインの[ELASTIC BLOCK STORE]-[スナップショット]を選択して、EBSスナップショットの一覧で、説明列を確認します。
[for ami-0e7a90b5cd496213f]と記載のあるEBSスナップショットを確認しました。

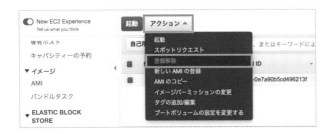

対象が確認できたので、AMIの登録解除から行います。対象のAMIを選択して、[アクション]-[登録解除]を選択します。

342

確認メッセージが表示されるので、[次へ]ボタンを押下します。

AMIの登録が解除され、一覧から消えました。

次に対象のスナップショットを選択して、[アクション]-[削除]を選択します。

確認メッセージが表示されるので、[はい、削除する]ボタンを押下します。

スナップショットが削除され、一覧から消えました。

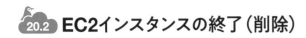

20.2 EC2インスタンスの終了（削除）

不要となったEC2インスタンスを終了します。EC2インスタンスの終了は削除を意味します。

EC2ダッシュボードで左ナビゲーションペインの［インスタンス］-［インスタンス］でEC2インスタンスの一覧を表示します。

対象のEC2インスタンスを選択して、［インスタンスの状態］-［終了］を選択します。

確認メッセージが表示されます。EC2インスタンスのルートボリュームとしてアタッチされているEBSボリュームもあわせて削除されるメッセージが表示されています。

今回はEBSボリュームを残しておく要件もないので、［はい、終了する］ボタンを押下します。

EC2インスタンスのステータス列がshutting-downに変わりました。削除中のステータスです。

	Name	▼	インスタンス ID	▲	インスタンススタ～	アベイラビリティ～	インスタンスの状態	
	LinuxServer		i-0cf973aff0b11ec05		t2.micro	ap-northeast-1a	● terminated	

EC2インスタンスのステータス列がterminatedに変わりました。この状態になるとEC2インスタンスは完全に削除されました。

インスタンス一覧には少しの間、履歴として残っていますが、もう終了されています。

20.3 RDSインスタンスの削除

RDSインスタンスが不要になったら削除をします。

RDSダッシュボードでデータベースの一覧を選択します。

対象のRDSインスタンスを選択して、[アクション]-[削除]を選択します。

削除確認メッセージが表示されます。

最終スナップショット（復元可能なバックアップデータ）を作成して削除する場合は、このまま下のフィールドに[delete me]と入力して、[削除]ボタンを押下します。

database-1 インスタンス を削除しますか?　　　　　　　　　　　✕

DB インスタンス **database-1** を削除してよろしいですか?

☐ **最終スナップショットを作成しますか?**
DB インスタンスの削除前に最終 DB スナップショットを作成するかどうかを決定します。

☐ **Retain automated backups**
Determines whether retaining automated backups for 7 days after deletion

☑ インスタンスの削除後、システムスナップショットとポイントインタイムの復元を含
む自動バックアップが利用不可となることを了承しました。

削除を確認するには、**delete me** というフレーズを以下のフィールドに入力します

delete me

⚠ インスタンス削除後、自動バックアップが利用不可となるため、インスタンス
を削除前に最終スナップショットを撮ることを強くお勧めします。

キャンセル　　削除

　最終スナップショットが不要な場合は、[最終スナップショットを作成しますか?]のチェックを外して、[インスタンスの削除後、システムスナップショットとポイントインタイムの復元を含む自動バックアップが利用不可となることを了承しました。]にチェックをつけて、下のフィールドに [delete me]と入力して [削除]ボタンを押下します。

　ここまで何度も確認をしているのは、最終スナップショットがない、ということは、完全に復元できない状態になる、ということを示しているためです。

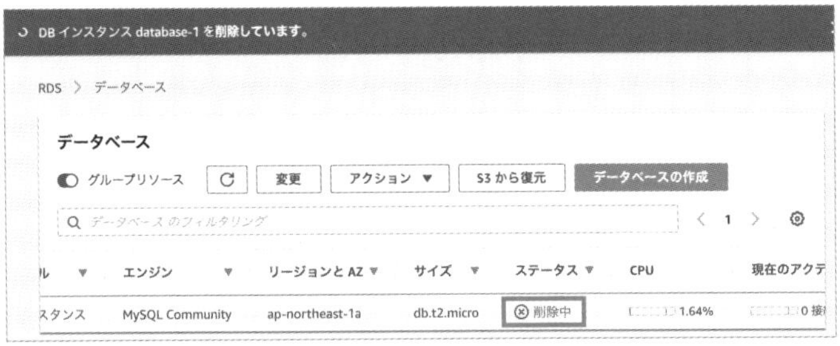

　ステータスが削除中の状態になりました。

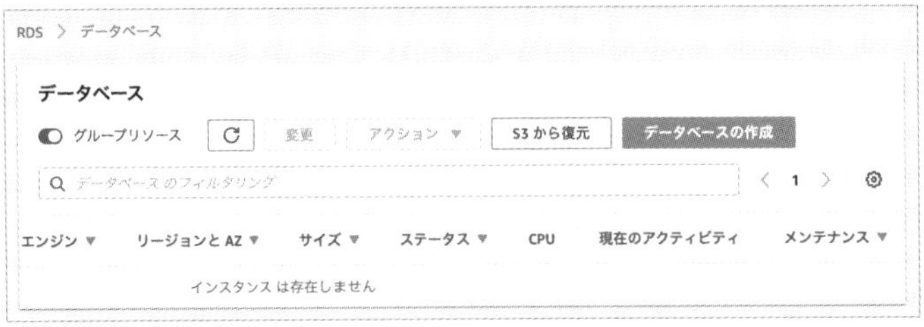

　削除が完了しました。

20.4 S3バケットの削除

```
$ aws s3 rb s3://bucket-name --force
```

CLIから実行するときは、--forceオプションでバケット内のオブジェクトもまとめて削除できます。

マネジメントコンソールでバケットを選択しても削除できます。

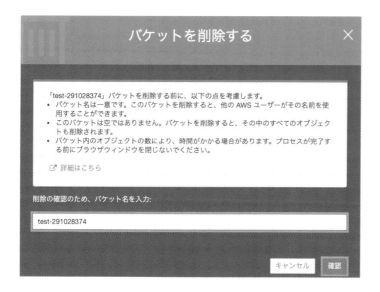

誤った削除を防ぐため、バケット名を入力して、[確認]ボタンを押下します。

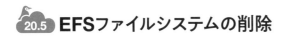 # 20.5 EFSファイルシステムの削除

EFSファイルシステムが不要になったら削除します。

マネジメントコンソールのEFSでファイルシステムを選択して、[アクション]-[ファイルシステムの削除]ボタンを押下します。

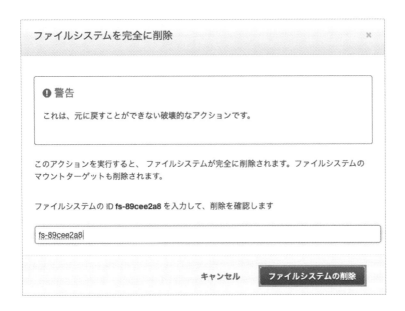

ファイルシステムIDを入力して[ファイルシステムの削除]ボタンを押下します。

お疲れさまでした。他にも作成したリソースがあれば忘れないように削除してください。不要な課金が発生することもなくなります。

著者：山下 光洋（やました みつひろ）

トレノケート株式会社勤務。AWS認定インストラクター。
AWS最優秀インストラクターワード2018受賞。
執筆書籍：『AWS認定資格対策テキスト AWS認定 クラウドプラクティショナー』（SBクリエイティブ）

STAFF
ブックデザイン：玉利 樹貴
DTP：富 宗治
編集：畠山 龍次

AWSではじめる
Linux入門ガイド

2020年4月28日 初版第1刷発行

著者　　　山下 光洋
発行者　　滝口 直樹
発行所　　株式会社 マイナビ出版
　　　　　〒101-0003　東京都千代田区一ツ橋2-6-3 一ツ橋ビル2F
　　　　　TEL：0480-38-6872（注文専用ダイヤル）
　　　　　TEL：03-3556-2731（販売）
　　　　　TEL：03-3556-2736（編集）
　　　　　E-Mail：pc-books@mynavi.jp
　　　　　URL：https://book.mynavi.jp

印刷・製本　シナノ印刷株式会社